GEHIRN UND WAHRNEHMUNG

GRUNDRISS

Vertiefungen

Anhang

GRUNDRISS

DAS FENSTER ZUR WELT

Die Wahrnehmung spielt eine zentrale Rolle nicht nur für das Erleben der Welt, sondern auch für das Überleben in der Welt. Genauso wie unsere sämtlichen Handlungen auf den Kontraktionen von Muskeln beruhen – ob wir einen Baum fällen oder ein Gedicht schreiben –, genauso beruht all unser Erleben auf der Aktivität der uns zur Verfügung stehenden Sinnesrezeptoren – ob wir nun mit Genuss eine Symphonie von Beethoven hören oder uns schmerzhaft an einer Nadel stechen. Welche Information wir letztlich aufnehmen und wahrnehmen, hängt auch davon ab, für welche Information wir Rezeptoren haben. So können wir sehen, weil es in unserer Umwelt Licht gibt und weil unsere Augen lichtempfindliche Rezeptoren besitzen. Licht bezeichnet nur den kleinen Teilbereich der elektromagnetischen Strahlung mit Wellenlängen zwischen 400 und 700 Nanometer (nm). Elektromagnetische Strahlung gibt es aber in vielen anderen Wellenlängenbereichen, wie in Abbildung 1 dargestellt. Während Menschen z. B. ultraviolette Strahlung nicht sehen, gibt es zahlreiche Tierarten – wie z. B. Bienen oder Goldfische –, die für diesen Wellenlängenbereich (ca. 340 nm) sehr empfindlich sind.

Hier stellen sich sofort zwei Fragen: Warum hat der Mensch ausgerechnet Rezeptoren für diesen Bereich von Wellenlängen entwickelt? Wie würde die Welt aussehen, wenn wir Rezeptoren für mehr und andere Informationen unserer Umwelt entwickelt hätten?

Beide Fragen hängen eng zusammen. Betrachtet man die Sinnesorgane verschiedener Tierarten, stellt man fest, dass sich die Tiere sehr eng an ihre Umweltbedingungen angepasst haben. Für Fledermäuse z. B., die den größten Teil ihrer Zeit im Dunkeln verbringen, würde das menschliche Sehsystem wenig Sinn machen. Wo kein Licht ist, kann auch keines verarbeitet werden. Wenn wir uns bei

Dunkelheit im Freien zurechtfinden wollen, benutzen wir eine Taschenlampe, die einen Lichtstrahl erzeugt. Fällt der Lichtstrahl der Taschenlampe auf ein Objekt, wird von der Objektoberfläche ein Teil des Lichtes in unsere Augen reflektiert, und das Objekt wird sichtbar. Da die Fledermaus keine Taschenlampe hat, muss sie sich »Licht« auf eine andere Art erzeugen. In ihrem Fall sind das Schallwellen in einem sehr hohen Frequenzbereich, der für das menschliche Ohr nicht mehr wahrnehmbar ist. Dieser Schall wird von den Objekten aber ebenfalls reflektiert und von den Ohren der Fledermäuse registriert. Aus den Laufzeiten des Echos kann das Gehör der Fledermaus die Distanz und die Form der Objekte berechnen. Es liefert auf diese Art ein »Bild« der Umgebung. Die Fledermäuse »sehen« also mit den Ohren, auch im Dunkeln.

Im Gegensatz zur Fledermaus sind wir Menschen Tagtiere. Die Lichtstrahlen, die tagsüber in unsere Augen fallen, stammen in erster Linie von der Sonne. Die Sonne wirft ihre Strahlen auf die Objekte in unserer Umgebung, und von dort werden sie in das Auge reflektiert. Es ist daher sinnvoll, wenn unsere Augen für den Wellenlängenbereich empfindlich sind, in dem die Sonne Strahlung emittiert. Messungen der Energie der Sonnenstrahlung an sonnigen und bewölkten Tagen haben ergeben, dass diese in Bodennähe ihr Maximum in einem mittleren Wellenlängenbereich bei ca. 500 nm hat und zum kurz- und langwelligen Bereich langsam, aber stetig abfällt. Der Großteil der Strahlung außerhalb dieses Bereichs wird nämlich von der Erdatmosphäre massiv abgeschwächt. Wie bereits erwähnt, ist der Energiegehalt der kurzwelligen Strahlung sehr hoch und würde im Auge (und nicht nur dort) zu Schädigungen führen. Es bleibt also zu hoffen, dass die atmosphärische Schutzschicht noch lange Zeit erhalten bleibt! In dem Bereich über 700 nm weist die elektromagnetische Strahlung immer weniger Energie auf, so dass die Absorption von Lichtteilchen (Photonen) im Langwellenlängenbereich physikalisch zunehmend unmöglich wird. Daher ist es

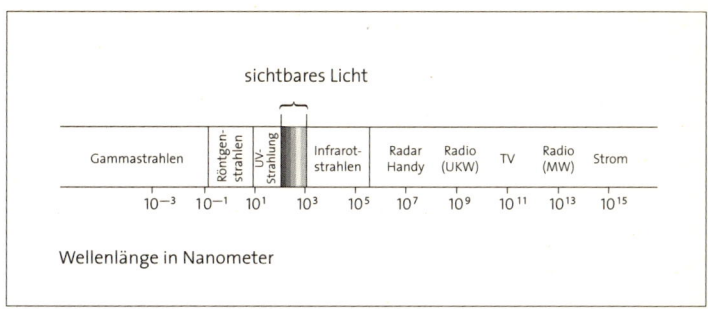

Abb. 1: Das sichtbare Spektrum. Aus dem gesamten Bereich elektromagnetischer Strahlung ist lediglich ein kleiner Bereich wahrnehmbar.

für die Nutzung der Sonnenenergie als Informationsquelle optimal, die Empfindlichkeit auf den Bereich zwischen 400 und 700 nm zu konzentrieren. Genau dies ist der Arbeitsbereich des menschlichen Sehsystems und auch der von fast allen tagaktiven, an Land lebenden Wirbeltieren. Ganz generell lässt sich sagen, dass Sinnessysteme daraufhin optimiert sind, die in der Umwelt verfügbare und relevante Information aufzunehmen.

Was wäre aber, wenn wir uns über eventuelle physikalische Grenzen hinwegsetzen könnten und ungleich mehr an Informationen unserer Umwelt wahrnehmen würden? Man kann sich leicht vorstellen, dass diese Informationserweiterung sehr schnell im Chaos enden würde. Die Anzahl der Sinneszellen, die wir Menschen besitzen, ist bereits ohne solche zusätzliche »Antennen« riesengroß. In jedem Auge befinden sich weit über 100 Millionen Photorezeptoren. Jedes Ohr besitzt ca. 15 000 Hörzellen. Unsere Hautoberfläche (1–2 m²) enthält an den empfindlichsten Stellen mehrere hundert Rezeptoren pro cm² für Berührung, Temperatur und Schmerz. Und schließlich liefern mehrere Millionen Rezeptoren in den chemischen Sinnen der Zunge und der Nase Information über Geschmack und Geruch. Jeder dieser Rezeptoren liefert Information im Bereich von 0 bis 1000

Impulsen pro Sekunde. Das sind, informationstheoretisch ausgedrückt, 10 Bit pro Sekunde. Geht man von 100 Millionen Rezeptoren aus, dann ergibt dies eine Datenmenge von ca. einem Gigabit pro Sekunde! Den Rezeptoren, die uns Information über einen kleinen Ausschnitt unserer Umwelt liefern, stehen 10^{10} Neuronen im Gehirn gegenüber, die die Signale der Sinneszellen nicht nur aufnehmen, sondern auch verarbeiten sollen, um schließlich eine adäquate Reaktion zu bestimmen und deren Ausführung zu kontrollieren. Zur Bewältigung der Datenflut muss das Gehirn die Datenmenge zunächst einmal mit einer ganzen Reihe von »Tricks« reduzieren. Diese Reduktion hat für unsere Wahrnehmung einige sehr interessante Folgen.

Wie ›wahr‹ ist die Wahrnehmung?

Wegen dieser immensen Reduktion der Datenmenge im Gehirn können wir immer nur einen Bruchteil der uns umgebenden physikalisch messbaren Reize wahrnehmen. Es ist allerdings nicht so, dass unser Wahrnehmungsapparat uns einfach physikalische Messwerte ins Gehirn übermittelt. Vielmehr weicht unsere Wahrnehmung manchmal etwas mehr und manchmal etwas weniger von jenen Gegebenheiten ab, wie sie uns Messungen – etwa mit einem Thermometer für die Temperatur oder mit einer Kamera für das Licht – als objektive Gegebenheiten vor Augen führen. Hin und wieder kommt es auch zu ganz dramatischen Abweichungen. Diese Wahrnehmungstäuschungen wurden in der Vergangenheit oftmals als Beleg für das Scheitern unseres Wahrnehmungssystems aufgefasst, unsere Umwelt richtig abzubilden. Inzwischen weiß man aber, dass unsere Sinnessysteme sehr intelligent arbeiten, d. h. die wahrscheinlichste und sinnvollste Konstruktion aus den ihnen zur Verfügung stehenden Daten anstreben. Fehler kommen durch die Reduktion der immensen Datenmenge zustande oder sind durch die Struktur unserer Sinnessysteme bedingt. So wird in unserem Auge die dreidimensionale Welt auf der zweidimensionalen Oberfläche der Netzhaut abgebildet. In vielen Fällen ist es daher rein mathematisch unmöglich, die »wahre« räumliche Welt zu errechnen, die dieser zweidimensionalen Abbildung zugrunde liegt. Unser Sehsystem muss zwischen unendlich vielen möglichen Interpretationen auswählen. Neuere Forschungsarbeiten haben gezeigt, dass das visuelle System dabei auf sehr geschickte Weise diejenige Interpretation auswählt, die am wahrscheinlichsten ist. Wenn nun sehr unwahrscheinliche Rahmenbedingungen gewählt werden, wie z. B. das Ames-Zimmer mit schiefen Wänden (Abb. 2), dann kann es zu Sinnestäuschungen kommen.

Illusionen solcher Art sind zahlreich. Künstler wie M. C. Escher benutzten sie gerne. In manchen Fällen können sogar alle möglichen Hinweisreize über die tatsächliche Tiefe vorhanden sein. Falls das Netzhautbild extrem unwahrscheinlich ist, wird die »falsche« Interpretation bevorzugt. Ein solcher Fall tritt beim Betrachten von Hohlmasken von Gesichtern auf. Falls diese Masken von hinten betrachtet werden – in diesem Fall zeigt die Nase vom Betrachter weg –, scheint das Gesicht der Maske trotzdem mit der Nase nach vorne zu treten, vermutlich, weil Gesichter nun mal die Nase vorne haben und wir Gesichter nicht von innen sehen!

Die Liste der Sinnestäuschungen ist schier unendlich lang, und sie können auf allen Verarbeitungsstufen entstehen. Fast alle diese Täuschungen haben aber gemeinsam, dass sie aufzeigen können, welche Algorithmen das Sehsystem benutzt, um Rückschlüsse über die Reizsituation zu gewinnen, die zu dem zweidimensionalen Bild auf der Netzhaut geführt haben. Das Gehirn hat die Aufgabe, mit Hilfe einer Fülle von intelligenten Prozessen diese Mehrdeutigkeiten sinnvoll aufzulösen.

Es sollte auf Grund der obigen Ausführungen klargeworden sein, dass unsere Wahrnehmung nicht eindimensional wie ein physikalisches Messgerät – z. B. ein Thermometer oder ein Beleuchtungsmesser – arbeitet. Auch der Vergleich mit einer Kamera trifft nicht zu, da sowohl die Eingangsdaten drastisch reduziert als auch andere Daten hinzugefügt werden. Am Anfang der Reizverarbeitung finden in den Sinnesorganen verschiedene Prozesse statt, die durchaus Ähnlichkeit mit physikalischen Messvorgängen haben und daher objektiv vergleichbar sind. Unsere Sinnesorgane reagieren auf physikalische Reize auf ihre durch Struktur und Vernetzung spezifische festgelegte Weise. Nach der Reaktion der Sinnesrezeptoren besteht die weitere Verarbeitung zunächst in der Umwandlung der physikalischen Reize in die vom Gehirn verstandene »Sprache«, nämlich elektrische Impulse. Diese Impulse werden vom Sinnesorgan über Nervenbahnen in das Gehirn geschickt, wo es für jede Modalität einen speziellen Bereich gibt, der die Nervenimpulse des jeweiligen Sinnesorgans empfängt und auswertet. So meldet die Netzhaut immer »Licht«, egal ob die Erregung durch Photonen oder Druck z.B. durch einen Schlag auf das Auge – die sogenannten Sternchen – verursacht wurden. Höhere Gehirnareale integrieren dann die Information aus den verschiedenen Modalitäten zu einem kohärenten Ganzen – unserer Sicht der Welt.

DAS GEHIRN

Das Gehirn ist Teil des Nervensystems. Wie alle anderen Organe des Körpers besteht es aus Zellen. Viele dieser Zellen haben jedoch die Fähigkeit, elektrische Signale aufzubauen und weiterzuleiten. Zellen dieser Art werden Nervenzellen oder einfach nur Neurone genannt. Das Nervensystem unterteilt sich in ein zentrales Nervensystem und ein peripheres Nervensystem. Das Gehirn und das Rückenmark stellen das zentrale Nervensystem dar. Vom Rückenmark aus ziehen Verbindungen zu den meisten Muskeln. Diese Nervenfasern werden als efferent bezeichnet. Die Verbindungen von den meisten Sinnesorganen ziehen ebenfalls über das Rückenmark zum Gehirn und werden

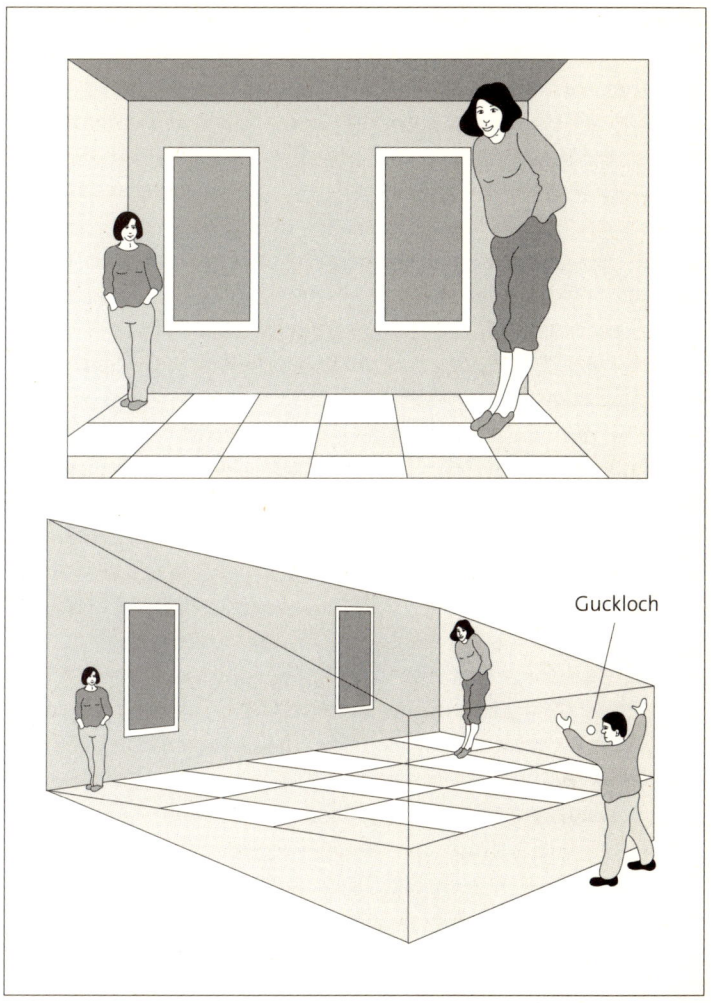

Guckloch

Abb. 2: Der schiefe Raum von Ames: Die beiden Frauen im Bild oben sind in Wirklichkeit gleich groß, aber der Abstand vom Beobachter und die Höhe der Decke sind unterschiedlich.

afferent genannt. Nur einige wenige Verbindungen, in erster Linie zu den Gesichtsmuskeln und von den dortigen Sinnesorganen, wie dem Auge oder dem Ohr, gehen direkt vom Gehirn aus. Diese Verbindungen werden Gesichtsnerven genannt. Neben all diesen Verbindungen, die als somatisches Nervensystem bezeichnet werden, gibt es noch zahlreiche Verbindungen zu und von den inneren Organen, wie z. B. dem Herzen oder der Lunge, die als autonomes Nervensystem bezeichnet werden. Der Begriff »autonom« ist dabei eigentlich irreführend, weil auch dieses System unter Kontrolle des Gehirns steht und keineswegs vollkommen unabhängig arbeitet.

Es ist instruktiv, sich kurz vor Augen zu halten, welche Vorgänge sich in unserem Nervensystem abspielen, wenn sich etwa eine Fliege auf den Unterarm setzt. Wenn die Fliege die Haare auf der Haut streift, werden Sinnesrezeptoren in unserer Haut aktiviert und geben elektrische Impulse ab. Diese werden ins Rückenmark geschickt und gelangen von dort in das Gehirn. Das Gehirn muss diese Nervenimpulse nun verarbeiten und hält sich dabei in der Regel an die Anbahnung von Reaktionen für den wahrscheinlichsten Sachverhalt: Eine leichte, lokale Erregung der Hautrezeptoren ist oft auf kleinere Tiere wie Fliegen, Mücken oder Spinnen zurückzuführen. Je nach früheren Erfahrungen wird dies bei verschiedenen Menschen unterschiedliche Reaktionen auslösen. Menschen mit panischer Angst vor Spinnen oder Personen mit Allergien gegen Bienenstiche werden sehr schnell reagieren, um die drohende Gefahr sofort zu beseitigen. Das motorische System kann dazu fertige, reflexhafte Programme benutzen, z. B. den Arm kurz schütteln. Andere Personen werden vielleicht erst ihren Unterarm in Augenschein nehmen. Dazu müssen aber auch erst wieder Signale an die Augenmuskeln geschickt werden, um den Blick entsprechend zu lenken. Die dabei aufgenommenen visuellen Erregungsmuster gelangen dann vom Auge in andere Bereiche des Gehirns. Die sensorischen Informationen von Haut und Auge werden schließlich wiederum in anderen Gehirnregionen integriert. In den meisten Fällen erfolgt darauf ein Motorkommando, durch welches gezielt mit der anderen Hand nach der Fliege geschlagen wird. Erstaunlich an diesem Vorgang ist zweierlei: Erstens spielt sich die ganze Reaktion innerhalb von einem Bruchteil einer Sekunde ab. Die rasante Geschwindigkeit ist nur durch die extrem schnelle Weiterleitung der Information im Nervensystem möglich. Zweitens kommen wir auf Grund der eingegangenen Information nicht nur zu dem Schluss, dass es sich tatsächlich um eine Fliege handelt, welche am Arm störend kitzelt, wir haben auch noch Handlungsstrategien in weniger als einem Zehntel einer Sekunde parat. Vielleicht werden Sie sich jetzt aber auch noch fragen, warum wir trotz dieser schnellen Informationsverarbeitung die Fliege nur in den seltensten Fällen erwischen können. Dies liegt vor allem daran, dass das visuelle System der Fliege wesentlich schnellere zeitliche Veränderungen registrieren kann als unser visuelles Wahrnehmungssystem. Die Fliege sieht unsere Hand praktisch in Zeitlupe »heranschnellen«.

Anatomischer Aufbau des Gehirns

Das Gehirn besteht aus dem Hirnstamm und der stark gefalteten walnussartigen Hirnrinde. Der Hirnstamm schließt sich an das Rückenmark an, während die Hirnrinde, die (abgeleitet aus dem Lateinischen) als Kortex bezeichnet wird, den Hirnstamm umschließt. Die Abbildung auf der hinteren Umschlagklappe zeigt einen Längsschnitt durch ein menschliches Gehirn zusammen mit einer Einteilung in die verschiedenen Bereiche. Direkt an das Rückenmark schließt sich die Medulla oblongata, das verlängerte Mark, an. Dort befinden sich hauptsächlich Faserzüge, die vom Gehirn in das Rückenmark ziehen, sowie einige Kerne (Ansammlungen von Zellkörpern), die zur Retikulärformation gehören. Letztere steuern den Wechsel von Schlaf und Wachzustand, regeln die Körpertemperatur und kontrollieren die

Motorik. Herzfrequenz und Atmung werden auch von der Medulla kontrolliert. Über der Medulla liegt die Brücke (Pons), die weitere Kerne der Retikulärformation enthält. Das feinstrukturierte Kleinhirn (Cerebellum) ist eine Art Anhängsel der Brücke und ist für die Motorik, vor allem für das Erlernen neuer Bewegungen, zuständig. Über der Brücke befindet sich das Mittelhirn, das aus Tektum und Tegmentum besteht. Das Tektum (Dach) ist eine Schaltstelle für die Sinnessysteme. Die darin befindlichen oberen zwei Hügel (Colliculi superiores) erhalten visuelle Eingangssignale, die unteren zwei Hügel (Colliculi inferiores) erhalten auditorische Eingangssignale. Zentren für die motorische Kontrolle befinden sich auch im Mittelhirn. Die schwarze Substanz (Substantia nigra) enthält Zellen, die den Botenstoff Dopamin freisetzen. Die Schüttellähmung (Parkinson'sche Krankheit) ist auf Störungen in diesem Bereich zurückzuführen. Der rote Kern (Nucleus ruber) ist wichtig für die Kommunikation mit motorischen Neuronen im Rückenmark. Das Tegmentum spielt auch bei der Schmerzwahrnehmung eine große Rolle. Die Aktivierung einer bestimmten Region im Tegmentum, das periaquäduktale Grau, kann zur nahezu vollständigen Unterdrückung von Schmerzen führen.

Über dem Mittelhirn sitzt das Zwischenhirn (Dienzephalon), das aus dem Thalamus und dem Hypothalamus besteht. Die beiden Strukturen haben gänzlich unterschiedliche Funktionen. Der Thalamus ist die wichtigste Zwischenstation fast aller Sinnesinformationen (eine Ausnahme bildet nur das Riechen) auf dem Weg in den Kortex. Der Hypothalamus liegt direkt unter dem Thalamus. Er stellt die Schnittstelle zwischen dem Nervensystem und dem Hormonsystem dar. Viele grundlegende Funktionen wie der Energie- und der Flüssigkeitshaushalt oder auch die sexuelle Reproduktion werden über die Ausschüttung von Hormonen gesteuert. Die kleine Hirnanhangsdrüse (Hypophyse) ist die zentrale Regelstation für die Ausschüttung von Hormonen, die andere Drüsen steuern, welche Hormone abgeben, die schließlich körperliche Änderungen an den Zielorganen hervorrufen. Das Hormonsystem selbst wird in letzter Instanz aber vom zentralen Nervensystem gesteuert. Im Hypothalamus liegen Nervenzellen, die die Ausschüttung von Hormonen in der Hypophyse kontrollieren.

Während sich die Strukturen des Hirnstamms beim Menschen nicht wesentlich von denen der Tiere unterscheiden, ist der Kortex der Teil des Gehirns, der sich beim Menschen am stärksten relativ zu den anderen Gehirnteilen entwickelt hat. Selbst ein Vergleich zwischen den Primatengehirnen von Schimpansen und Menschen zeigt, dass sich das menschliche Gehirn entsprechend sich neu entwickelnder Fähigkeiten, wie etwa dem Sprachvermögen, verändert hat. Alle unsere bewussten Erfahrungen und geplanten Handlungen werden letztendlich vom Kortex gesteuert. Der größte Teil des Kortex, der Neokortex, besteht aus sechs Schichten von Neuronen. Interessanterweise haben die Neurone der einzelnen Schichten ähnliche Verschaltungen. Neurone der mittleren Schicht erhalten Eingangssignale aus subkortikalen Strukturen wie z.B. dem Thalamus. Neurone der unteren Schichten senden Signale zurück an subkortikale Regionen. Neurone der oberen Schichten leiten die Information weiter an andere Kortexgebiete.

Die gefaltete Struktur des Neokortex ist auf den ersten Blick durch besonders tiefe Falten, die Furchen, in verschiedene Bereiche untergliedert. In Abbildung 3 ist die Aufteilung der Großhirnrinde in die vier Hirnlappen: den Hinterhauptslappen (Okzipitalkortex), Scheitellappen (Parietalkortex), Schläfenlappen (Temporalkortex) und Vorderlappen (Frontalkortex) gezeigt. Zugleich sind dort die wichtigsten Regionen eingezeichnet, deren Funktionen bereits bekannt sind. Der Okzipitalkortex enthält die primäre Sehrinde, auch als V1 bezeichnet, in der nahezu alle vom Auge kommenden Signale eintreffen. Da sich die primäre Sehrinde von Primaten durch den nach seinem Entdecker Francesco Gennari (1750–1797) benannten breiten weißen Streifen unterscheidet, wird sie auch Area striata genannt. Die sich an die primäre Sehrinde anschließenden Kortexbereiche des Okzipitallappens dienen vornehmlich der weiteren visuellen Informationsverarbeitung und werden als extrastriäre Areale bezeichnet. Im Parietallappen befindet sich das primäre somatosensorische Areal, S1 genannt. Im Parietalkortex werden auch Informationen über die Stellung des Körpers im Raum von verschiedenen Sinnessystemen miteinander integriert. Im Temporallappen befindet sich das primäre auditorische Areal, A1, in dem die vom Ohr kommende Information verarbeitet wird. Im Temporalkortex liegen aber auch verschiedene Areale, die für die Objekterkennung wichtig sind. Dies gilt sowohl für das Erkennen visueller Reize als auch für auditive Reize. Der Frontallappen umfasst den größten Teil des Kortex. Dort werden alle Informationen integriert und mit den schon vorhandenen Handlungsplänen und Zielen abgeglichen. Im Frontallappen werden auch alle willentlichen Handlungen geplant. Über den primären motorischen Kortex des Frontallappens gelangen die Informationen wieder in niedrigere Hirnregionen und ins Rückenmark, von wo aus die entsprechenden Muskelgruppen aktiviert werden.

Abbildung 3 zeigt das Gehirn von der Seite. Die beiden Hemisphären werden in der Mitte durch die Zentralfurche voneinander getrennt. Die Strukturen der Hirnrinde sind aber auf beiden Seiten vorhanden. Wie wir später noch genauer sehen werden, werden nicht alle Informationen in beiden Hälften des Gehirns verarbeitet. Visuelle Informationen der rechten Hälfte des Gesichtsfelds werden nur im linken primären visuellen Kortex verarbeitet. Die Motorik der rechten Hand wird vollständig über den linken primären Motorkortex gesteuert. In der Regel bemerken wir die Lateralisation jedoch nicht, da die beiden Großhirnhemisphären durch den Balken (Corpus callosum), eine große Ansammlung von Querverbindungen, miteinander koordiniert werden. Falls jedoch der Balken durchtrennt wird, zeigen sich einige erstaunliche Veränderungen, die belegen, dass die beiden Hirnhälften zwar mehr oder weniger unabhängig voneinander arbeiten

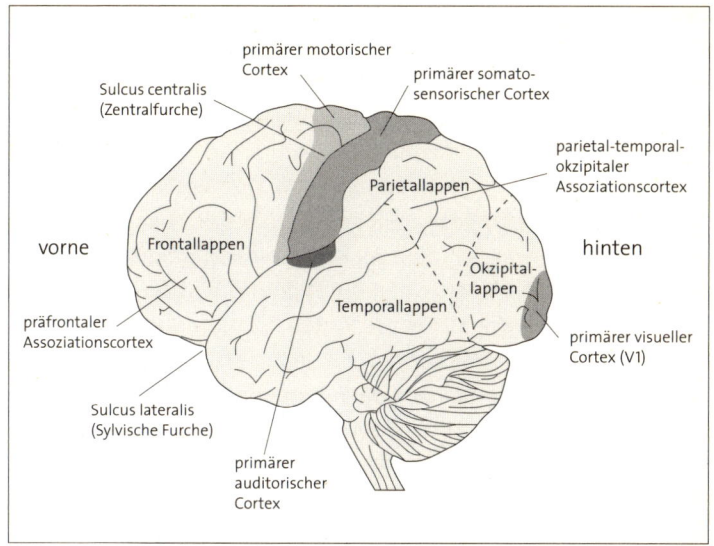

Abb. 3: Die Großhirnrinde und ihre makroskopische Gliederung

können, dass aber bestimmte Aufgaben bevorzugt in einer Hälfte ablaufen (**Split-Brain**). So sind die wichtigsten Sprachregionen beim überwiegenden Teil der Menschen in der linken Hirnhälfte zu finden. → S. 87

Übertragung von Information im Gehirn

Nervenzellen (Neurone) sorgen für die eigentliche Übertragung von Information zwischen den verschiedenen Teilen des Gehirns und auch innerhalb der einzelnen Regionen. Neurone sind in ihrem Äußeren sehr unterschiedlich. Die meisten Neurone jedoch besitzen eine Grundstruktur, die wie in Abbildung 4 dargestellt aus einem Eingangsbereich, dem Dendriten, einem Zellkörper, und einem Ausgangsbereich, dem Axon, besteht. Die Unterschiede zwischen Neuronen, vor allem in der Verästelung ihres dendritischen Baums und der Länge der Axone, können enorm sein. Während Motoneurone, die ihre Signale an die Muskeln senden, extrem lange Axone haben können, sind die Axone von Interneuronen, die benachbarte Neurone im Gehirn verbinden, sehr kurz. Das Aussehen hängt hier in erster Linie von der Funktionalität ab.

Der Zellkörper ist das Informations- und Stoffwechselzentrum der Zelle und enthält sämtliche genetischen Informationen. Die Dendriten sind relativ kurze, sich zum Zellkörper hin verdickende Kabel. Das Axon setzt am Zellkörper an. Der Ansatzpunkt wird auch Axonhügel genannt. Im Vergleich zu den Dendriten kann das Axon länger sein und hat meist einen konstanten Durchmesser. Was ist nun das Besondere an den Neuronen und ihren Bestandteilen?

Neurone weisen in Ruhe ein elektrisches Potential von 50–80 Millivolt auf. Der Bereich innerhalb des Neurons ist im Vergleich zum extrazellulären Bereich negativ geladen. Dieses Ruhepotential kommt zustande, weil sich innerhalb und außerhalb der Zelle unterschiedliche Ionen, vor allem Natrium und Kalium, in unterschiedlichen Konzentrationen befinden. Ohne die trennende Zellmembran würden die elektrostatischen Kräfte und die Konzentrationsgradienten auf diese Ionen einwirken und sie innerhalb und außerhalb der Zelle gleichmäßig verteilen, so dass die Spannungsdifferenz verlorenginge. Die Zellmembran ist jedoch im Ruhezustand für die positiv geladenen Natriumionen undurchlässig, die daher nicht in die Zelle einströmen und für die negative Spannungsdifferenz sorgen können.

Wenn nun aber an den Dendriten Signale von anderen Neuronen ankommen, dann kann die Membran ihre Durchlässigkeit verändern. Die Signale, die von den Dendriten empfangen werden, breiten sich zunächst passiv und ungerichtet über die Dendriten und den Zellkörper des Neurons aus. Alle zu einem Zeitpunkt eintreffenden Signale werden auf diese Weise einfach miteinander verrechnet. An der

Abb. 4: Neuron

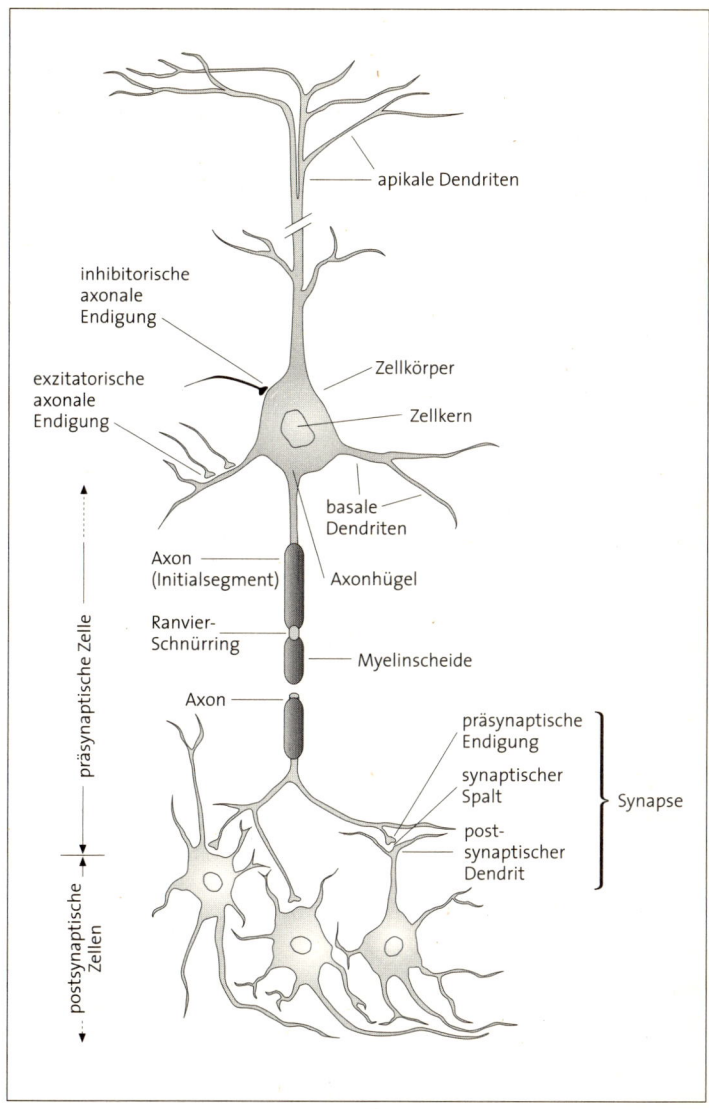

apikale Dendriten

inhibitorische axonale Endigung

exzitatorische axonale Endigung

Zellkörper

Zellkern

basale Dendriten

Axon (Initialsegment)

Axonhügel

Ranvier-Schnürring

Myelinscheide

Axon

präsynaptische Endigung

synaptischer Spalt

post-synaptischer Dendrit

Synapse

präsynaptische Zelle

postsynaptische Zellen

Stelle jedoch, wo das Axon am Zellkörper ansetzt, dem Axonhügel, befinden sich spezielle, spannungsgesteuerte Öffnungen in der Zellmembran. Diese »Türen« öffnen sich immer dann, wenn das elektrische Potential der Zelle einen bestimmten Schwellenwert überschreitet. Durch diese Kanäle können dann Natriumionen in die Zelle einströmen, die nicht nur dafür sorgen, dass die negative Spannungsdifferenz verschwindet, sondern diese sogar ins Positive bis hin zu +30 mV verschoben wird. Diese Veränderungen führen aber sofort wieder dazu, dass die spannungsgesteuerten Natriumkanäle wieder geschlossen werden und einige spannungsgesteuerte Kaliumkanäle sich öffnen. Dadurch wird das Ruhepotential und kurzfristig sogar ein noch negativerer Wert erreicht. Dieser ganze Prozess wird Aktionspotential genannt und dauert in etwa 2 Millisekunden.

Das Aktionspotential hat natürlich zur Folge, dass an benachbarten Stellen am Axon durch passive Ausbreitung wiederum der Schwellenwert erreicht wird und dort ein Aktionspotential ausgelöst wird. Auf diese Art und Weise pflanzt sich das Aktionspotential über das ganze Axon hinweg fort bis zum synaptischen Endknopf. Das Signal wird dabei immer wieder erneuert und kommt an der Synapse genau so an, wie es am Axonhügel entstanden ist. Der ganze Prozess ist allerdings etwas langsam und kann höchstens etwa 10 Meter pro Sekunde zurücklegen. Dies mag schnell erscheinen, aber um z. B. den Fingermuskel zu erreichen, ist ein Meter Axon (sprich Kabel) erforderlich. Für überlebenswichtige Reaktionen könnten aber 100 Millisekunden reine Übertragungszeit zu lang sein. Eine Isolierung des gesamten Axons würde Vorteile bringen, aber das Signal würde abgeschwächt und könnte sich nicht entlang des Axons erneuern. Der Kompromiss besteht in den sogenannten Schnürringen von Ranvier, das sind dicke Isolierungen aus Myelin mit kleinen Zwischenräumen, in denen sich spannungsgesteuerte Kanäle befinden, bei denen das Aktionspotential wieder ausgelöst werden kann. Diese »saltatorische« Erregungsübertragung kann einen Meter in weniger als 10 Millisekunden zurücklegen und tritt bei allen Neuronen auf, bei denen Geschwindigkeit wichtig ist.

Wenn das Aktionspotential den synaptischen Endknopf erreicht hat, dann wird das elektrische Signal auf das folgende Neuron übertragen. Dieser Prozess der synaptischen Übertragung läuft nun nicht etwa durch eine Art von direkter elektrischer Kopplung ab, sondern erfolgt durch die Abgabe von chemischen Botenstoffen (Neurotransmitter), die am synaptischen Endknopf abgegeben, am Dendriten aufgenommen werden und dort zu einer Potentialänderung führen.

Das eintreffende Aktionspotential führt zunächst zu einer Depolarisation am synaptischen Endknopf. Kalziumionen strömen daraufhin in die Zelle ein und führen dazu, dass kleine Vesikel, die chemische Botenstoffe enthalten, mit der Zellmembran verschmelzen. Der Botenstoff wird daraufhin in den synaptischen Spalt ausgeschüttet. Die Botenstoffmoleküle wiederum legen sich an bestimmte Kanäle der postsynaptischen (dendritischen) Membran an, die dadurch geöffnet werden. Der Botenstoff wirkt wie ein Schlüssel für die Tür der Membran. Durch die geöffneten Kanäle können wiederum andere Ionen, z. B. Natrium oder Kalium, durch die postsynaptische Membran einströmen oder ausströmen. Je nachdem verändert sich das elektrische Potential an der postsynaptischen Membran in die positive oder die negative Richtung. Das hängt davon ab, welche Türchen geöffnet werden, und das wiederum davon, welcher Botenstoff ausgeschüttet wurde. Jede Synapse schüttet nur einen Botenstoff aus. Von den Botenstoffen gibt es aber sehr viele verschiedene. Azetylcholin ist der einzige Neurotransmitter, der an der Schnittstelle zwischen Nerven und Muskeln auftritt. Gamma-Amino-Buttersäure ist der wichtigste hemmende und Glutamat der wichtigste erregende Neurotransmitter im Gehirn. Dopamin spielt eine wichtige Rolle sowohl in der kortikalen Kontrolle der Motorik als auch bei der Steuerung von Emotionen.

Die graduellen Veränderungen des Membranpotentials an den Dendriten breiten sich passiv über die Dendriten und den Zellkörper aus. Die Stärke nimmt dabei mit wachsender Distanz von der Synapse ab. Da fast alle Neurone viele Synapsen an ihren Dendriten haben, treffen ständig viele positive und negative Signale an der Zelle ein, die einfach miteinander und mit dem Ruhepotetial summiert werden. Das Endergebnis wird am Axonhügel ausgewertet: Falls die summierte Depolarisation den Schwellenwert erreicht, dann wird ein Aktionspotential ausgelöst. Diejenigen Synapsen, deren Ansatzpunkte nahe am Axonhügel sind, werden dabei stärker gewichtet, weil weiter entfernte Potentialänderungen stärker abgeschwächt werden, bis sie den Axonhügel passiv erreichen. Da die Potentialänderungen am Dendriten meist nur von kurzer Dauer sind, ist es dabei natürlich auch von großem Vorteil, wenn zwei Eingangssignale gleichzeitig eintreffen, weil dann die Summe eher den Schwellenwert erreicht. Die Bedeutung dieser Synchronizität ist derzeit ein wichtiger Gegenstand der Hirnforschung.

Wichtige Fakten zum Gehirn

Das Ruhepotential ist die Grundlage für die Informationsübertragung im Nervensystem. Am Dendriten werden elektrische Signale passiv weitergeleitet und am Axonhügel integriert. Dort wird gegebenenfalls ein Aktionspotential ausgelöst und über das Axon propagiert. An der Synapse wird die Information chemisch zum nächsten Neuron weitergegeben. So weit, so gut. Aber wie hat man sich Gehirnprozesse konkret vorzustellen? Zum besseren Verständnis sollen hier einige wichtige Fakten über das Gehirn kurz vorgestellt werden.

· Es gibt im menschlichen Gehirn ca. 10^{10} Neurone und etwa 10^{13} Synapsen. In 1 mm³ Gehirn befinden sich in etwa 100 000 Neurone und nochmals 10^9 Synapsen.

· Trotz dieser großen Zahl von Verknüpfungen ist es bei weitem nicht so, dass alle Neurone mit allen anderen Neuronen kommunizieren. Im Umkreis von 1 mm³ ist ein Neuron im Durchschnitt mit nur ca. 3 % der darin befindlichen Neurone mittels einer Synapse direkt verknüpft.

· Verbindungen zwischen verschiedenen Gehirnarealen sind – im Gegensatz zum Axon eines einzelnen Neurons – keine Einbahnstraßen. Im Regelfall gibt es von einem Areal zu einem anderen Verbindungen in beide Richtungen. So gibt es z. B. genauso viele Axone vom primären visuellen Kortex zum seitlichen Kniehöcker im Thalamus wie in die umgekehrte Richtung.

· Die Neurone im Gehirn sind geordnet. Hirnregionen, die sich auf Grund anatomischer Kriterien unterscheiden lassen, haben meistens auch unterschiedliche Funktionen. Innerhalb einzelner Hirnregionen sind die Neurone oftmals auch ihren Eigenschaften nach geordnet.

· Die Eingangssignale eines Neurons sind analog – sie können kontinuierliche Werte annehmen. Das Ausgangssignal ist aber immer diskret – entweder gibt es ein Aktionspotential oder nicht. Ob ein Neuron feuert, hängt davon ab, ob der Schwellenwert erreicht wird.

· Ein Aktionspotential dauert in etwa 1 Millisekunde. Synaptische Übertragung, einschließlich der Leitungszeit am Dendriten, dauert etwa 5 Millisekunden. Die synaptischen Potentiale variieren in ihrem Zeitverlauf und können zwischen einer Millisekunde bis hin zu mehreren Minuten anhalten. Die Leitungsgeschwindigkeit in unmyelinisierten Axonen ist etwa 1 Meter pro Sekunde. Myelinisierte Axone leiten die Aktivität 10 – 100 Meter pro Sekunde weiter.

· Der Effekt eines einzelnen synaptischen Eingangs ist relativ klein und beträgt etwa 1–5 % des Schwellenpotentials. Es ist also in der Regel eine Erregung an vielen Synapsen nötig, um ein Aktionspotential auszulösen.

Die genannten Werte ermöglichen zumindest eine grobe Vorstellung von den Verbindungen, die neuronalen Schaltkreisen zugrunde liegen. Daraus sollte auch klarwerden, dass die meisten wichtigen Verarbeitungsprozesse nicht von einzelnen Neuronen durchgeführt werden, und auch nicht von ganzen Gehirnarealen, sondern von größeren Mengen (100 – 1000) von Neuronen. Leider sind aber derartige Gruppierungen nur sehr schlecht zugänglich.

Methoden der Gehirnforschung

Es gibt mit Sicherheit keine einzelne Methode, deren Anwendung sämtliche Geheimnisse des Gehirns aufdecken könnte. Daher ist es wichtig, verschiedene Methoden zu kombinieren, die sich hinsichtlich ihrer räumlichen und zeitlichen Auflösung ergänzen. Am wichtigsten ist dabei die Anbindung an das beobachtbare Verhalten des Gesamtorganismus. Dazu müssen physikalische Reize in Zusammenhang gesetzt werden mit psychologischen Empfindungen. Die Psychophysik wurde in der Mitte des 19. Jahrhunderts von dem Physiker und Philosophen Gustav Theodor Fechner in Leipzig begründet. Sein Ziel war es, ähnlich wie bei physikalischen Messungen, Gesetze aufzustellen, die eine Vorhersage der Empfindungsgröße zulassen. Dazu entwickelte er die Methode der eben merklichen Unterschiede. Wenn zwei Reizpaare (a, b) und (c, d) gleich häufig miteinander verwechselt werden, dann sollte der Abstand der Messwerte von a nach b mit dem von c nach d identisch sein. Diese Methode hat natürlich das Problem, dass Unterschiede zwischen Reizen, die sich deutlich unterscheiden, durch dieses Verfahren nicht gemessen werden können. Fechner hat aber auf Grund solcher Messungen festgestellt, dass die physikalischen Unterschiede, die eben merklich sind, mit der Größe der Reize zunehmen. Dieser Zusammenhang, $\Delta I / I =$ konstant, wurde einige Jahre zuvor von dem Hallenser Naturforscher Ernst Heinrich Weber für eine ganze Reihe von Sinnesleistungen gefunden. So beträgt der eben merkliche Unterschied, um ein Gewicht von 100 Gramm von einem schwereren Gewicht zu unterscheiden, in etwa 10 Gramm. Ist das Standardgewicht 1 Kilogramm schwer, so muss das Vergleichsgewicht schon 100 Gramm schwerer sein, damit es zuverlässig vom Standard unterschieden werden kann. Bewegt sich ein Fahrzeug mit der Geschwindigkeit von 100 km/h, dann kann man ein zweites Fahrzeug als schneller wahrnehmen, wenn es mindestens 105 km/h schnell fährt. Die Konstanten, auch als Weber'sche Konstanten bezeichnet, sind für unterschiedliche Sinnesleistungen etwas unterschiedlich. Sie liegen aber in der Regel zwischen 5 und 15 %. Fechner leitete daraus ab, dass der Zusammenhang zwischen Reizgröße und Empfindungsgröße einer logarithmischen Beziehung folgen muss, um mit dem Weber'schen Gesetz in Einklang zu stehen. Sein Fechner'sches Gesetz lautet daher $R = k \times \log (S)$, wobei S die physikalisch definierte Reizgröße, R die Empfindungsgröße, und k die Weber'sche Konstante ist. Dieser Zusammenhang gilt für eine ganze Reihe von Sinnesleistungen und liefert dabei wichtige Hinweise über die zugrundeliegenden neuronalen Mechanismen.

Eine andere grundlegende Eigenschaft jedes Sinnessystems ist der minimale Reiz, der gerade noch eine Sinnesempfindung auslöst, genauso wie die Güte der Unterscheidungsleistungen entlang eines sensorischen Kontinuums. Die Absolutschwelle wird dabei definiert als der Reiz, der gerade eben noch bemerkt wird. Zur Messung geben Psychophysiker den Probanden z. B. zwei Intervalle vor, wobei der Reiz aber nur in einem der Intervalle enthalten ist. Die Versuchsperson gibt an, welches der beiden Intervalle das ist. Diese Messung wird 20 bis 50 mal mit einer Reihe von Reizintensitäten wiederholt.

Es zeigt sich in der Regel, dass bei zu kleinen Reizen die Versuchspersonen das richtige Intervall nur mit der Ratewahrscheinlichkeit von 50 % angeben können. Ist der Reiz hinreichend groß, dann können Versuchspersonen nahezu immer das richtige Intervall angeben. Bei dazwischenliegenden Reizgrößen jedoch ergibt sich eine langsame, aber stetige Zunahme der richtigen Antworten. Diese Datenpunkte werden nun mittels einer mathematischen Funktion interpoliert, und der Wert, bei dem die Versuchspersonen in 75 % der Fälle das richtige Intervall identifizieren, wird als der Schwellenwert definiert.

Diese Methode erlaubt es uns gleichsam, die Sinnesleistung des gesamten Organismus zu kennzeichnen. Wie aber können wir jetzt die Methode verbessern, um die Aktivierung in einzelnen Hirnarealen oder sogar einzelnen Zellen zu messen?

Nachdem Anfang des 20. Jahrhunderts ziemlich klar geworden war, dass elektrische Erregungen die Grundlage für die Informationsverarbeitung im visuellen Kortex darstellten, machte sich der Jenaer Psychiater Hans Berger daran, einen Apparat zu bauen, mit dem er mittels einfacher Elektroden und eines Verstärkers die elektrische Aktivierung des Gehirns messen konnte. Sein erster Proband war sein Sohn, den Berger angestrengt nachdenken ließ. Umso größer war die Enttäuschung, als keine – für Berger – nennenswerte Aktivierung zum Vorschein trat. Nur relativ kleine, unsynchronisierte Zacken waren auf dem Gerät sichtbar. Noch schlimmer, erst als sein Sohn sichtlich müde wurde, trat deutlich messbare Aktivität auf. Es dauerte Jahre, bis der Elektroenzephalograph wiederentdeckt wurde. Die Beobachtungen Bergers waren durchaus richtig. Im Normalzustand ist die Aktivität von einzelnen Neuronen hauptsächlich von den sensorischen Eingangssignalen bestimmt. Die Aktivierung großer Populationen von Neuronen, wie sie mit den oberflächlich angebrachten Elektroden gemessen werden, kürzt sich gegenseitig und zeigt hohe Frequenzen auf. Wenn aber der körpereigene Rhythmus die Aktivierung der Neurone bestimmt, wie z. B. im Schlaf, dann feuern große

Populationen von Neuronen synchron, und ihre Aktivität wird im Elektroenzephalogramm (EEG) sichtbar. Die heutigen Systeme sind in ihrer Leistungsfähigkeit nicht mehr mit Bergers Apparatur vergleichbar. Inzwischen gibt es Systeme mit 128 oder 256 Elektroden, mit denen gleichzeitig gemessen werden kann. Dadurch lässt sich die Aktivierung auch bestimmten kortikalen Orten – wenn auch nur sehr grob – zuordnen. Das EEG hat aber eine sehr gute zeitliche Auflösung, da es die elektrische Aktivierung des Gehirns praktisch ohne Verzögerung wiedergibt. Daher ist es sehr wichtig für Untersuchungen der zeitlichen Dynamik von neuronalen Prozessen. Es eignet sich auch dann sehr gut, wenn die Probanden keine verbalen oder motorischen Antworten geben können, vor allem bei Kleinstkindern oder Patienten mit Schädigungen am Gehirn.

Für die detaillierte Untersuchung von neuronalen Antworten, die durch sensorische Reizung hervorgerufen werden, hat sich aber in der Zwischenzeit ein anderes Verfahren angeboten. Mitte des 20. Jahrhunderts wurde es möglich, ganz feine Elektroden in das Gehirn von Versuchstieren einzuführen und damit die extrazelluläre Aktivität von einzelnen Neuronen zu messen. Gleichzeitig wurden den Versuchstieren sensorische Reize dargeboten. Damit konnten erstmals die Antworteigenschaften von einzelnen Neuronen im Gehirn auf peripher dargebotene sensorische Reize gemessen werden. Im visuellen System zeigten so z. B. die mit dem Nobelpreis gewürdigten Arbeiten von David Hubel und Torsten Wiesel, dass zunehmend komplexe visuelle Reize notwendig sind, um Neurone im Gehirn anzusprechen. Reichen in der Netzhaut einfache Lichtpunkte aus, um dort Zellen zum Feuern zu bringen, so sind im primären visuellen Kortex schon orientierte Balkenmuster notwendig. Neurone in nachgeschalteten Arealen reagieren z. B. selektiv auf Gesichter. Durch diese Methode wurde es möglich, entlang der kortikalen Verarbeitungsschritte das Antwortverhalten von Neuronen zu messen. So kann man bestimmen, welche Eigenschaft bei welchem Verarbeitungsschritt zuerst auftritt. Eine wichtige Voraussetzung für diese Experimente ist natürlich, dass das Versuchstier keinen Schmerz verspürt. Da im Gehirn selber keine Schmerzrezeptoren sind, wird durch die Elektrode kein Schmerz ausgelöst. Um die Elektrode einzuführen, muss allerdings die Schädeldecke geöffnet werden. Dazu werden die Versuchstiere aber mit den gleichen Methoden narkotisiert, wie sie auch bei ähnlichen Operationen an Menschen angewandt werden.

Eine weitere wichtige Voraussetzung für den wissenschaftlichen Ertrag von Tierexperimenten ist natürlich, dass das Gehirn des Versuchstiers möglichst dem des Menschen ähnlich ist. In Verhaltensuntersuchungen an Makaken-Affen wurde festgestellt, dass die visuelle Verarbeitung dieser Tierart der des Menschen sehr ähnelt. Während in den ursprünglichen Arbeiten von Hubel und Wiesel die Affen während der gesamten Dauer des Experiments narkotisiert waren, ist es inzwischen auch möglich geworden, die Aktivität von Neuronen abzuleiten, während der Affe im Wachzustand eine psychophysische Aufgabe durchführt. Mittels dieser Methoden lässt sich noch genauer korrelieren, welche neuronalen Aktivitäten mit welchen Verhaltensantworten einhergehen.

Neben den bisher genannten Methoden hat vor 10 bis 20 Jahren ein gänzlich neues Verfahren die Hirnforschung revolutioniert. Seit der Entdeckung des EEG war es der Traum der Hirnforscher, die Aktivität der Neurone im lebenden menschlichen Gehirn sichtbar zu machen. Anfang der siebziger Jahre machte die damals neu eingeführte Positronen-Emissions-Tomographie (PET) dies erstmals möglich, allerdings mit einer großen Einschränkung. Den Probanden wurde ein radioaktiv markiertes Material injiziert, das dann überall dort vermehrt im Gehirn verteilt wurde, wo die Neurone besonders aktiv waren. Mittels des Tomographen konnte die Verteilung der radioaktiven Marker genau bestimmt werden. Die Nachteile der Methode waren natürlich, dass Versuche an einzelnen Probanden wegen der besonderen Gesundheitsgefährdung nicht wiederholt werden konnten. Zudem war die ganze Prozedur sehr umständlich und vor allem sehr teuer. Nur in den am besten ausgestatteten Kliniken stand ein PET-System zur Verfügung. Dagegen waren Magnet-Resonanz-Tomographen (MRT) schon gebräuchlicher. Mit diesen Systemen lassen sich die lokalen magnetischen Eigenschaften bestimmen. Da verschiedene Gewebeformen sich darin unterscheiden, war die MRT zu einer Art erweiterter Röntgenapparat geworden. Anfang der neunziger Jahre entdeckten Forscher am Massachusetts General Hospital, dass das MRT auch benutzt werden kann, um relativ kurzfristige Änderungen im zerebralen Blutfluss zu messen. Der Vorteil ist, dass den Probanden keine Kontrastmittel injiziert werden müssen. Ein großer Nachteil ist, dass nicht die Gehirnaktivität direkt gemessen wird (wie z. B. beim EEG), sondern nur der Blutfluss. Die unterliegende Hypothese ist, dass Regionen, in denen Neurone vermehrt aktiv sind, auch mehr Sauerstoff benötigen. Erst vor kurzem konnte im Labor von Nikos Logothetis am Max-Planck-Institut für biologische Kybernetik erstmals funktionelle Kernspintomographie in einer technischen Glanzleistung gleichzeitig mit Einzelzellableitungen durchgeführt werden. Dabei zeigte sich, dass die im funktionellen Kernspin (fMRI) beobachtete Aktivierung nicht unbedingt mit den Feuerraten der Neurone in diesem Bereich korreliert. Die Kernspin-Aktivität scheint eher der gesamten elektrischen Aktivierung der Neurone zu entsprechen, also der Stimulation an den Dendriten. Auf alle Fälle scheint aber das fMRT ein Indikator für tatsächliche Gehirnaktivität zu sein und nicht nur den Blutfluss anzuzeigen.

DIE STADIEN DER WAHRNEHMUNG

Es wurde bereits dargestellt, dass wir nur einen kleinen Ausschnitt aller möglichen Informationen aus unserer Umwelt verarbeiten können. Die Reize, für die wir empfindlich sind, unterscheiden sich dabei ganz enorm in ihrer physikalischen Natur. Unsere Augen sind empfindlich für elektromagnetische Strahlung in einem gewissen Bereich von Wellenlängen. Dieser Bereich wird auch als Licht bezeichnet. Unsere Ohren sind empfindlich für Luftdruckänderungen in einem gewissen Frequenzbereich. Diese akustischen Reize werden als Schall bezeichnet. Unsere Haut ist empfindlich für Berührung (Druck), Temperatur und Schmerz. Unser Mund ist empfindlich für verschiedene chemische Moleküle, die als Geschmack wahrgenommen werden. Unsere Nase ist empfindlich für chemische Moleküle, die als Geruch wahrgenommen werden. Letztlich müssen all diese unterschiedlichen physikalisch-chemischen Reize in elektrische Signale verwandelt werden. Dieser Prozess heißt Transduktion und wird weiter unten ausführlich beschrieben. Die Sinnesorgane selbst sind auf die Natur der Umweltreize so abgestimmt, dass der nachgeschaltete Transduktionsprozess möglichst effizient und genau gestaltet werden kann.

Sinnesorgane

Die Interaktion zwischen physikalischem Reiz und Sinnesorgan ist wohl beim Auge am effektivsten. Abbildung 5 zeigt den anatomischen Aufbau des Auges im Querschnitt. Der optische Apparat des Auges erzeugt ein Abbild der visuellen Umwelt auf der lichtempfindlichen Netzhaut. Die Netzhaut ist eine dünne Schicht, die den hinteren Teil des Auges auskleidet. Die Lichtstrahlen treffen von vorne im Auge ein und passieren dann die Hornhaut und die Linse durch eine kleine Öffnung, die Pupille genannt wird. Damit wir Objekte scharf sehen können, muss der optische Apparat die eintreffenden Lichtstrahlen auf der Netzhaut scharf abbilden. Dazu müssen die Lichtstrahlen gebündelt werden, d. h., die Strahlen müssen ihre Richtung ändern bzw. gebrochen werden. Dies geschieht immer dann, wenn Licht von einem Medium in ein anderes eintritt. Beim

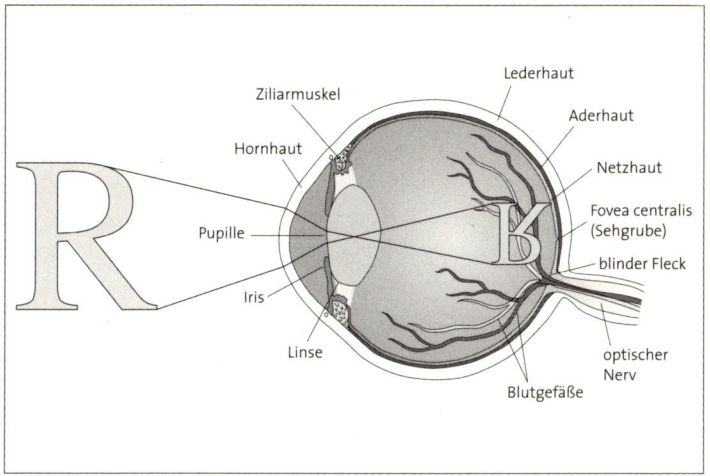

Abb. 5: Anatomischer Längsschnitt durch das Auge

Auge wechselt das Licht von der uns meist umgebenden Luft in die Hornhaut. Die Brennweite der Hornhaut ist 0,024 Meter (2,4 cm). Parallele Strahlen, wie sie z. B. von einem Objekt in großer Entfernung ausgestrahlt werden, werden also 2,4 cm hinter der Hornhaut gebündelt. Diese 2,4 cm entsprechen in etwa der Distanz von der Hornhaut zur Netzhaut. Die Brechkraft eines optischen Systems ist einfach das Inverse der Brennweite. Für die Hornhaut ergeben sich so 1 / 0,024, also 42 Dioptrien. Die Linse trägt ungefähr 18 weitere Dioptrien zur Gesamtbrechkraft des Auges bei. Hornhaut und Linse ermöglichen also eine scharfe Abbildung auf der Netzhaut von Objekten in großer Entfernung.

Wäre nun die Brechkraft des Auges konstant, dann würde daraus folgen, dass die von nahen Objekten ausgehenden Lichtstrahlen erst hinter der Netzhaut gebündelt würden und somit ein unscharfes Bild dieser Objekte entstehen würde. Aus eigener Erfahrung wissen wir jedoch, dass dies nicht der Fall ist. Das Auge kann die Brechkraft erhöhen, indem die Form der Linse verändert wird. Dieser Prozess wird Akkommodation genannt. Die Linse ist ein zwiebelartiges Organ, das durch die Zonulafasern und die Ziliarmuskeln ringförmig am Augapfel befestigt ist. Die Zonulafasern üben einen Zug auf die Linse aus, der diese dehnt und abflacht. Werden nun die Ziliarmuskeln kontrahiert, so wird der Zug auf die Linse entlastet und diese durch ihre natürliche Elastizität dicker. Je dicker die Linse aber ist, desto höher ist ihre Brechkraft. Durch diese Flexibilität können Objekte in nahezu beliebiger Entfernung scharf auf die Netzhaut abgebildet werden. Nur wenn das Objekt zu nahe am Auge ist, stößt die Akkommodationsfähigkeit der Linse an ihre Grenzen. Der Nahpunkt ist definiert als der kleinste Abstand, bei dem Objekte noch scharf gesehen werden. Es hat sich gezeigt, dass der Nahpunkt stark vom Alter abhängt. Der Nahpunkt von typischen Zehnjährigen beträgt unter 10 cm, bei Vierzigjährigen sind das schon um die 25 cm, bei Fünfzigjährigen um die 50 cm, und bei Sechzigjährigen ca. 100 cm. Diese Tendenz wird Presbyopie genannt. Mit dem Alter verliert die Linse zunehmend ihre Elastizität und kann beim Betrachten naher Objekte nicht rund genug und beim Betrachten ferner Objekte nicht mehr flach genug werden. Die Lösung besteht im Einsatz von Gleitsichtbrillen, die im unteren Teil (zum Lesen der Zeitung) die Brechkraft verstärken und im oberen Teil (zum Betrachten ferner Objekte) die Brechkraft abschwächen. Andere Fehlsichtigkeiten entstehen zumeist, wenn der Augapfel zu lang oder zu kurz ist. In diesem Fall werden die Strahlen dann entweder vor der Netzhaut oder hinter der Netzhaut gebündelt. Auf der Netzhaut selbst entsteht ein unscharfes Bild, das aber durch entsprechende Brillen oder Kontaktlinsen auf einfache Weise korrigiert werden kann.

Der optische Apparat des Auges führt somit zu einer scharfen Abbildung der Umwelt auf der Netzhaut. Ohne die Optik des Auges könnten wir zwar Licht und auch Farbe wahrnehmen, aber eine Wahrnehmung von Formen wäre nicht möglich. Die große Bedeu-

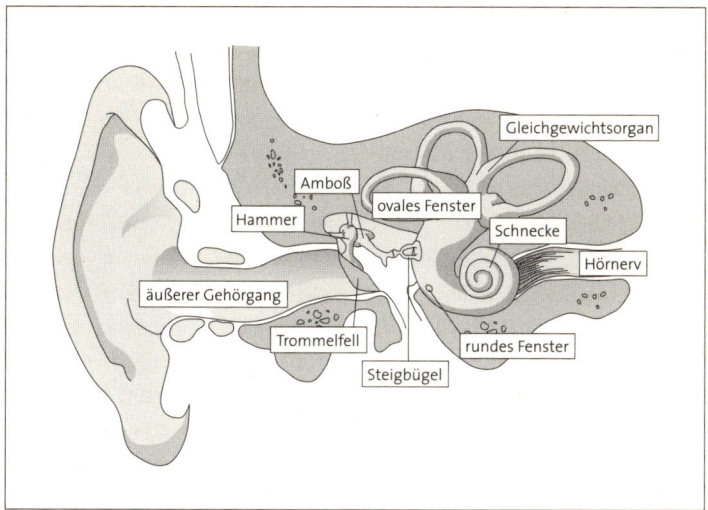

Abb. 6: Das Ohr und seine Bestandteile

tung der anfänglichen Vorverarbeitung der physikalischen Reize durch die Sinnesorgane zeigt sich auch beim Hören. Akustische Reize sind letztendlich Luftdruckänderungen, die durch Schwingungen von Objekten, z.B. einer Saite oder einer Membran, hervorgerufen werden. Diese Schwingungen führen dazu, dass an manchen Stellen der Luftdruck hoch ist und an anderen Stellen niedrig. Die Veränderung zwischen hohem und niedrigem Luftdruck erfolgt mal mehr und mal weniger schnell. Ihre Frequenz wird in Schwingungen pro Sekunde (Hertz, Hz) gemessen. Ähnlich wie beim Sehen sind wir auch hier nicht für alle Frequenzen gleichermaßen empfindlich. Menschen können in der Regel Frequenzen zwischen 100 Hz und 12 kHz (Kilohertz) hören, wobei die Hörfähigkeit für hohe Frequenzen allerdings mit dem Alter stark abnimmt. Wie in Abbildung 6 dargestellt, durchlaufen die Schallwellen zunächst das äußere Ohr, das aus der Ohrmuschel und dem äußeren Gehörgang besteht.

Interessanterweise sind die Ohrmuscheln, die umgangssprachlich als Ohren bezeichnet werden, am wenigsten wichtig für den Hörvorgang. Es gibt durchaus Tiere, die ein exzellentes Gehör aufweisen, aber keine Ohrmuscheln haben (wie z. B. die Robben). Die Ohrmuscheln leisten beim Menschen einen geringen Beitrag zur Lokalisation von akustischen Reizen. Bei anderen Säugetieren, deren Ohrmuscheln beweglich sind, wie z. B. den Katzen oder Hunden, können die Ohren ausgerichtet werden und somit die Lokalisation deutlich verbessern. Beim Menschen können Kopfbewegungen eine ähnliche Ortungsleistung vollbringen. Der äußere Gehörgang und die sich daran anschließenden Gehörknöchelchen dagegen spielen eine sehr wichtige Rolle. Wegen der Form des Gehörgangs treten Resonanzvorgänge auf, die dazu führen, dass Frequenzen zwischen 3000 und 4000 Hz akustisch verstärkt werden. Dies ist der Bereich, in dem wir Menschen auch am besten hören und in dem ein Großteil der sprachlichen Kommunikation abläuft.

Während der Gehörgang mit Luft gefüllt ist, benötigen die eigentlichen Sinnesrezeptoren eine flüssige Umgebung. Um dies zu erreichen, bietet sich als Wand eine dünne Membran an, die den äußeren Gehörgang vom Innenohr trennt. Allerdings würde bei einem solchen einfachen System beim Übergang von Luft in Flüssigkeit ein Großteil der Schallenergie verlorengehen. Dies wird beim Ohr durch ein kompliziertes Arrangement verhindert, bei dem zwei Membranen durch ein Hebelsystem von kleinsten Knöchelchen miteinander verbunden sind. Den äußeren, relativ breiten Gehörgang schließt das Trommelfell ab. Zum flüssigkeitsgefüllten Innenohr hin befindet sich eine zweite Membran, das sogenannte ovale Fenster, das einen wesentlich kleineren Durchmesser hat. Die eigentliche Übertragung des Schalls vom Trommelfell zum ovalen Fenster leisten drei kleine Knöchelchen, die wegen ihrer Form Hammer, Amboss und Steigbügel genannt werden. Diese drei Knöchelchen bilden ein Hebelsystem, das den Schalldruck mechanisch verstärkt. Eine wesentlich größere

Verstärkung ergibt sich aber durch den Größenunterschied zwischen Trommelfell (ca. 55 mm²) und ovalem Fenster (ca. 3,5 mm²). Da Druck als Kraft pro Fläche definiert ist, wird durch die Reduzierung der Fläche bei konstanter Kraft eine fast zwanzigfache Verstärkung des akustischen Signals erreicht. Beide Mechanismen zusammen können den natürlichen Signalverlust, der vom Übergang von Luft in Flüssigkeit erfolgt, nahezu ausgleichen. Ohne diese Vorverarbeitung des eigentlichen physikalischen Reizes durch das Sinnesorgan würden wir also sehr viel schlechter hören.

Transduktion und Transformation

Die beiden Beispiele haben gezeigt, wie wichtig die Interaktion der physikalischen Reize mit den Sinnesorganen ist. Dadurch ist allerdings noch keine Wahrnehmung zu erreichen. Der eigentliche Prozess, der sämtliche Wahrnehmungen erst ermöglicht, wird Transduktion genannt. Transduktion wandelt die Energie der Sinnesreize in elektrische Erregungen an den Rezeptoren um. Wie wir oben gesehen haben, ist die einzige Möglichkeit der Zellen zu Änderungen ihres Potentials die Öffnung oder Schließung von Kanälen, die durch ihre Membran führen. Wie kann aber nun ein externer Reiz zu solchen Veränderungen führen? Ganz naiv gedacht könnte man sich z. B. ein mechanisches System vorstellen, das entweder einen Deckel von einem solchen Kanal hebt oder die Zelle dehnt, so dass der Kanal breiter wird. Genauso läuft der Vorgang in manchen Bereichen tatsächlich ab.

Beim Hören führen die Schalldruckänderungen, die im Innenohr stattfinden, zu einer Auslenkung von ganz feinen Sinneshärchen, den Stereozilien. Diese Bewegung ist minimal. Wenn die Sinneshärchen die Größe des Eiffelturms hätten, dann entspräche eine akustische Reizung einer Bewegung von 10 mm. Tatsächlich sind die Sinneshärchen nur 10 Picometer lang, und ihre Auslenkung ist entsprechend winzig. Wie in Abbildung 7 zu ersehen ist, sind die Stereozilien durch »Tip-links« miteinander verbunden, und durch die Auslenkung ziehen diese Tip-links an den Deckeln der Kanäle, die sich dadurch öffnen und die relativ großen Kaliumionen in die Zelle einströmen lassen. Das führt zu einer Änderung des Membranpotentials und einem Einstrom von Kalziumionen in die Zelle. Diese wiederum lassen, wie bei der synaptischen Übertragung, Vesikel mit Neurotransmittern mit der Zellmembran verschmelzen. Die Transmitter strömen aus und führen zu einer Depolarisation an der postsynaptischen Membran. Die elektrischen Veränderungen am Rezeptor selbst sind graduell und werden Rezeptorpotential genannt. Erst das nachfolgende Neuron im Hörnerv erzeugt ein Aktionspotential. Der Prozess der Wandlung des Rezeptorpotentials in ein oder mehrere Aktionspotentiale wird Transformation genannt. In der Regel werden umso mehr Aktionspotentiale ausgelöst, je größer das Rezeptorpotential ist. Die Signale werden zur weiteren Verarbeitung im Hörnerv gebündelt und in den Hirnstamm geschickt. Die obige Darstellung des Transduktionsprozesses ist wesentlich vereinfacht. Tatsächlich öffnen und schließen sich die Kanäle ca. 1000-mal pro Sekunde.

Ein ähnlicher, mechanisch basierter Transduktionsvorgang tritt im somatosensorischen System auf. Dort sitzen verschiedene Tastrezeptoren in der Dermis unter der Haut. Die Pacini-Korpuskeln, die in erster Linie auf Vibrationen reagieren, sind zwiebelförmig aufgebaut und umschließen das Axon einer afferenten Nervenfaser. Wird nun die Haut berührt, dann führt dies zu einer Dehnung der Membran der Pacini-Korpuskel und damit zu einer Dehnung der Membran am Axon der Nervenendigung. Natriumionen können in die Zelle einströmen und das Membranpotential verändern. Ist die Veränderung groß genug, dann wird ein Aktionspotential ausgelöst.

Aus diesen Darstellungen sollte schon klargeworden sein, dass die Transduktion ein äußerst komplizierter Vorgang ist, der ganz speziell für jeden Sinnesrezeptor für ganz bestimmte Arten von Reizen opti-

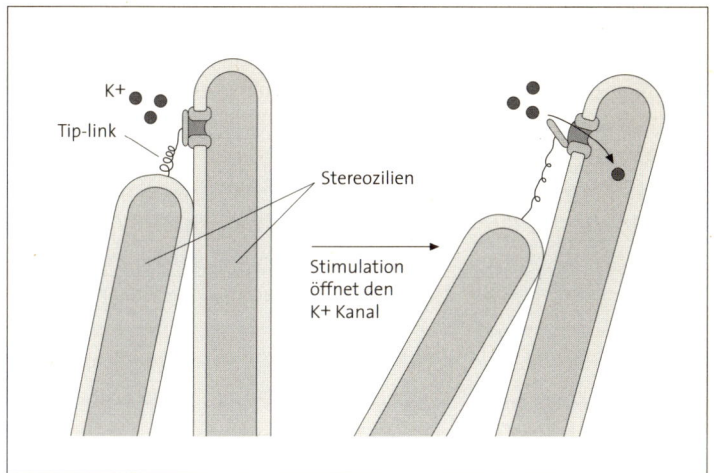

Abb. 7: Transduktion im Innenohr

miert wurde. Diese Optimierung geht manchmal an die Grenze des physikalisch Möglichen, so z.B. beim Sehen. Das Licht gelangt über den optischen Apparat des Auges an den Rücken der Netzhaut. Dort befinden sich die lichtempfindlichen Rezeptoren. In einem erstaunlichen biochemischen Prozess werden dort die kleinsten möglichen Lichtpartikel, Photonen genannt, absorbiert. Die darauffolgende Kaskade von Prozessen führt zu einer enormen Verstärkung des Signals, so dass letztlich die Absorption eines einzelnen Photons zu einer messbaren Veränderung des Rezeptorpotentials führen kann. Ein noch effizienteres System ist physikalisch nicht möglich!

Die Rezeptoren bestehen aus einem Innensegment mit dem Zellkörper und einem Außensegment, in das ein Stapel von Scheibchen eingelagert ist, die das lichtempfindliche Molekül Rhodopsin enthalten. Rhodopsin besteht aus zwei Teilen, Retinal und Opsin. Trifft nun Licht auf das Retinal, so ändert es seine chemische Struktur und löst sich vom Opsin. Dieser Prozess wird Isomerisation genannt. Der amerikanische Forscher George Wald erhielt 1967 den Nobelpreis für die Erforschung der chemischen Struktur des Rhodopsin. Während das Retinal langsam wieder in seine Ausgangsstruktur zurückgeführt wird, verbindet sich das Opsin sehr schnell mit vielen (ca. 500) Molekülen des Eiweißes Transducin. Transducin wiederum bewirkt durch das Enzym Phosphodiesterase (PDE) eine Hydrolisierung von vielen (ca. 2000) Molekülen des zyklischen Guanosin-Mono-Phosphats, dessen Anwesenheit die Natriumkanäle in der Zelle offen hält. Das Endergebnis dieser relativ komplizierten Kaskade von Prozessen ist, dass die Isomerisation eines Moleküls Rhodopsin den Eintritt von mehr als einer Million Natriumionen in die Zelle blockieren kann. Durch die Schließung der Natriumkanäle ändert sich das Rezeptorpotential. Nachdem das graduelle Signal ein kompliziertes Netzwerk aus retinalen Zellen durchlaufen hat, werden dann in den nachfolgenden retinalen Zellen (Ganglienzellen) Aktionspotentiale ausgelöst.

In einem klassischen Experiment haben 1942 die Forscher Hecht, Schlaer und Pirenne von der englischen Universität Cambridge den minimalen physikalischen Reiz gesucht, der von einem Probanden gerade eben noch erkennbar war. Dieser Reiz bestand natürlich nicht nur aus einem einzelnen Photon. Es lässt sich aber berechnen, dass der optimal wahrnehmbare Reiz, ein Lichtblitz von zehn Winkelminuten Durchmesser und zehn Millisekunden Dauer, an die 230 000 Photonen enthielt. Davon treffen aber nur ca. fünfzig auf die Hornhaut auf, und nur etwa zehn davon werden isomerisiert. Der Rest wird entweder von anderen Strukturen im Auge absorbiert oder reflektiert. Unter der stimulierten Fläche befinden sich aber schätzungsweise 400 bis 500 Rezeptoren. Die Wahrscheinlichkeit, dass einer dieser Rezeptoren mehr als ein Photon isomerisiert, lässt sich berechnen und ist geringer als 10 %. Ein einzelnes Photon kann also letztendlich zu einer messbaren Veränderung des Rezeptorpotentials führen! Dies wurde inzwischen durch direkte physiologische Messungen an einzelnen Rezeptoren bestätigt.

Die Empfindlichkeit der Photorezeptoren im Dunkeln könnte also rein physikalisch gesehen gar nicht höher sein. Ebenso erstaunlich ist aber, dass unsere Wahrnehmung auch bei allen anderen Beleuchtungsbedingungen ganz gut funktioniert. In einem künstlich beleuchteten Büroraum ist es ungefähr 10 000-mal so hell wie in einer sternklaren Nacht, und im grellen Sonnenschein ist es nochmals ungefähr 1000-mal heller. Trotzdem funktioniert unsere Wahrnehmung unter all diesen Bedingungen ganz ausgezeichnet. Es stellt sich die Frage, wie das Auge diese Signale, die sich über mehr als 10 logarithmische Einheiten erstrecken, weiterleiten kann, wenn die Anzahl der Aktionspotentiale pro Sekunde im besten Fall zwischen 1 und 1000 – also drei logarithmische Einheiten – variieren kann.

Wie fast immer in der Wahrnehmung sind auch hier mehrere Faktoren im Spiel. Zunächst kann die Pupille des Auges ihre Größe verändern und sich bei hohen Beleuchtungsintensitäten verengen. Somit wird weniger Licht ins Auge gelassen, und es wird letztendlich weniger Licht von den Rezeptoren absorbiert. Dann tritt im Bereich der Rezeptoren und auch bei den darauffolgenden Ganglienzellen Adaptation auf. Werden die Rezeptoren stärker aktiviert, so vermindern sie ihre Empfindlichkeit und können immer in ihrem gegenwärtigen Arbeitsbereich ein genaues Signal liefern. Der größte Gewinn an Bandbreite kommt aber dadurch zustande, dass zwei verschiedene Klassen von Photorezeptoren in der Netzhaut vorhanden sind. Die Stäbchen sind extrem lichtempfindlich und dienen in erster Linie der Wahrnehmung unter Bedingungen, wenn wenig Licht vorhanden ist, z. B. in einem dunklen Raum. Bei Tageslicht sind die Stäbchen vollständig saturiert und liefern keinerlei brauchbare Signale mehr. Die Stäbchen sind auch in ihren neuronalen Verschaltungen daraufhin optimiert, bereits sehr kleine Signale entdecken zu können. Um dies zu erreichen, werden die Signale von ganz vielen benachbarten Stäbchen summiert. Dadurch wird eine hohe Empfindlichkeit erreicht, aber gleichzeitig geht die Information über den genauen Ort der Reizung verloren. Daher ist beim Nachtsehen auch die Sehschärfe deutlich geringer.

Beim Tagessehen ist ausreichend Licht vorhanden, so dass sich das visuelle System nicht groß darum kümmern muss, auch mit wenigen Photonen etwas zu sehen. Für das Tagessehen ist es eher hilfreich, eine hohe Sehschärfe zu haben. Das ist dann der Bereich, bei dem die andere Klasse von Photorezeptoren, die Zapfen, aktiv werden. Sie sind weniger lichtempfindlich und sind auch gänzlich anders verschaltet als die Stäbchen. Im Bereich der Fovea, der Stelle des schärfsten Sehens, ist sogar für jeden Zapfen eine eigene Ganglienzelle vorhanden. Zum Rand des Gesichtsfelds hin nimmt aber auch bei den Zapfen die Konvergenz zu: In der Peripherie projizieren mehrere hundert Zapfen auf eine Ganglienzelle, was dann auch mit einer Verschlechterung der Sehschärfe einhergeht. Die Fovea aber ist optimiert für das scharfe Sehen. Dort sind die Zapfen am dichtesten gepackt, und jeder Zapfenrezeptor hat seine eigene Ganglienzelle. In der Mitte der Fovea gibt es sogar einen Bereich, in dem nur Zapfen auftreten und die Stäbchen ausgespart sind. Dies kann man sich leicht veranschaulichen, wenn man nachts einen Stern am Himmel fixieren will und dieser dann unweigerlich verschwindet, weil er von den weniger lichtempfindlichen Zapfen in der Fovea nicht gesehen werden kann.

Kortikale Verarbeitung

Während die ersten Stufen des Wahrnehmungsprozesses gleichermaßen für alle Sinnessysteme gelten, sind bei der weiteren Verarbeitung die Unterschiede zwischen den verschiedenen Modalitäten deutlich größer. Fast alle Sinne projizieren zunächst einmal in den Thalamus und von dort weiter in die primären Empfangsregionen des Kortex, wobei jeder Sinn seine eigene, ganz spezifische Zielregion aufweist. Der genaue Grund für die thalamische Zwischenstation ist noch nicht gänzlich bekannt. Zum einen könnten dort bereits

Einflüsse der Aufmerksamkeit bestimmte Merkmale hervorheben. Zum anderen sendet der Thalamus die Information auch direkt weiter an das limbische System, so dass Reize mit einer besonderen emotionalen Bedeutung zu einer schnelleren Antwort führen könnten. Auf die Gemeinsamkeiten der Verarbeitung in den verschiedenen Modalitäten soll später nochmals eingegangen werden (»Gesetze der Wahrnehmung«). Die großen Unterschiede machen es jedoch sinnvoller, die einzelnen Sinnessysteme zunächst einmal getrennt voneinander zu behandeln.

VISUELLE WAHRNEHMUNG

Die besondere Bedeutung der visuellen Wahrnehmung für Menschen und andere Primaten kann man an der Größe und der Anzahl der an der Bildanalyse beteiligten Gehirnareale ablesen. Neben der primären Sehrinde (V1), die etwa 15 % der gesamten Großhirnrinde ausmacht, wurden bisher mehr als 30 verschiedene visuelle Areale beschrieben. Insgesamt sind etwa 60 % der Großhirnrinde an Wahrnehmung, Interpretation und Reaktion auf visuelle Reize beteiligt.

Ganz grob gesehen lässt sich die Informationsverarbeitung im visuellen System so kennzeichnen, dass zuerst im Auge die Information aus der Umwelt möglichst effizient repräsentiert wird. Im Auge gibt es, wie bereits früher erwähnt, eine ganz enorme Konvergenz von Photorezeptoren auf Ganglienzellen. Die Ganglienzellen schicken ihre Axone über den Sehnerv zum Thalamus und von dort über die Sehstrahlung zum visuellen Kortex. Zum Kortex hin kommt es zu einer enormen Divergenz. Die Information wird in der primären Sehrinde (V1) im Hinterhauptslappen (Okzipitalkortex) in vielfältiger Weise analysiert. Dazu muss jeder Teil des Gesichtsfelds auf viele mögliche visuelle Merkmale hin untersucht werden, wie z.B. Farbe, Orientierung, Textur, Bewegung oder Tiefe. Von V1 ausgehend scheint die kortikale

Verarbeitung visueller Information über zwei Hauptpfade zu verlaufen, einen dorsalen Verarbeitungsstrom, der zum Scheitellappen (Parietalkortex) verläuft, und einen ventralen Verarbeitungsstrom, der zum unteren Schläfenlappen (Temporalkortex) zieht (siehe Abb. 3). Schon zu Beginn des 20. Jahrhunderts wurde bemerkt, dass Patienten mit Schädigungen des Schläfenlappens oftmals Störungen der Erkennung von Objekten oder auch Gesichtern aufwiesen. Nach Schädigungen im Scheitellappen kam es dagegen häufiger zu Störungen der Orientierung im Raum. Diese grobe Teilung der Aufgaben konnte dann später in psychophysischen und klinischen Untersuchungen an Menschen und physiologischen und anatomischen Experimenten an Affen bestätigt werden. Auch neuere Befunde der funktionellen Kernspintomographie belegen, dass Aufgaben zur visuell räumlichen Orientierung vermehrt Areale im Parietalkortex aktivieren und Objekterkennungsaufgaben eher Areale im Temporalkortex. Der parietale Verarbeitungsstrom dient der Steuerung von Handlungen und der Wahrnehmung von Bewegung und der Positionen des Körpers bzw. der Objekte im Raum. Er wird daher auch oftmals als »Wo-Strom« bezeichnet. Der temporale Strom dagegen ist von besonderer Bedeutung für die Farb-, Muster- und Formwahrnehmung und damit für die Objekterkennung. Er wird daher auch »Was-Strom« genannt.

Trotz dieses Wissens darüber, wo im Gehirn verschiedene Aspekte der visuellen Reize verarbeitet werden, sind unsere Erkenntnisse darüber, wie diese Verarbeitung erfolgt, relativ bescheiden. Die ersten Stadien der kortikalen Verarbeitung scheinen der Extraktion von einzelnen Merkmalen zu dienen. So können Neurone in V1 die Orientierung von Reizen oder deren Farbe erkennen. Über die anatomischen und funktionellen Schaltkreise, die diesen Leistungen unterliegen, gibt es empirisch gut belegte Modellvorstellungen. Von den sich anschließenden höheren Verarbeitungsebenen wissen wir zwar zum Teil, auf welche visuelle Reize, wie z. B. Hände, Gesichter oder Bewegungsmuster, einzelne Neurone maximal antworten, aber wie es zu dieser erstaunlichen Selektivität kommt, ist weitgehend unklar. Der Schritt von einzelnen Merkmalen zu ganzen Objekten ist den Forschern bislang ein großes Rätsel. Die Tatsache, dass das visuelle System dieses Rätsel in weniger als 100 Millisekunden löst, macht die Sache nicht einfacher!

Im Folgenden sollen zunächst die ersten Stufen der Merkmalsanalyse dargestellt werden. Drei Prinzipien der visuellen Informationsverarbeitung sind besonders hervorzuheben: 1. Die retinotope Organisation: Das visuelle System zeichnet sich bei der Repräsentation des Gesichtsfeldes durch eine große räumliche Ordnung aus. Diese Ordnung kann von den Eingangsrezeptoren in der Netzhaut des Auges bis in die höheren Verarbeitungsebenen in den primären und sekundären Hirnrindenarealen verfolgt werden, auch wenn dabei die Kartierung des visuellen Raumes immer gröber wird. 2. Konvergenz und Effizienz: Im Auge wird die Information zuerst von über 100 Millionen Rezeptoren aufgenommen, die aber dann die Signale so ändern, dass sie möglichst naturgetreu in einer viel kleineren Anzahl von Ganglienzellen weiter zum Gehirn geschickt werden können. 3. Divergenz und Spezialisierung: Im Gehirn werden die Signale von einzelnen Ganglienzellen von vielen Gehirnzellen analysiert, die alle auf verschiedene Aspekte der Reize ansprechen. Entlang der Verarbeitungsbahnen nimmt die Spezialisierung auf bestimmte Aspekte der Bildanalyse, d. h. die Komplexität der visuellen Reize, die eine maximale neuronale Antwort hervorrufen können, zu. Während Neurone der primären Sehrinde besonders auf kleine Liniensegmente einer bestimmten Orientierung an einem bestimmten Ort im Gesichtsfeld reagieren, antworten bestimmte Neurone im unteren Temporallappen nur auf Gesichter, und zwar relativ unabhängig von ihrer Position im Gesichtsfeld. In den höheren Verarbeitungsebenen wird das Antwortverhalten auf einen Reiz auch noch durch andere Faktoren wie Aufmerksamkeit, Motivation, Vertrautheit oder mit dem Reiz verbundene Handlungen beeinflusst.

Die Landkarte im Auge

In der Retina wird eine Ganglienzelle immer von denselben Photore-zeptoren erregt, die auf Reize in einem bestimmten Bereich des visuellen Feldes reagieren. Dieser Bereich des Gesichtsfeldes, in dem visuelle Reize eine neuronale Antwort hervorrufen, lässt sich relativ genau bestimmen oder kartieren und wird als das rezeptive Feld des Neurons bezeichnet. Nebeneinanderliegende retinale Ganglienzel-len besitzen benachbarte, überlappende rezeptive Felder und proji-zieren zu benachbarten Neuronen der nächsthöheren Verarbeitungs-stufe. Diese räumliche Ordnung bleibt von der Rezeptorebene in der Retina bis in die höheren Verarbeitungsebenen im Kortex (neuronale topographische Karten) weitgehend erhalten. Die rezeptiven Felder werden dabei von Stufe zu Stufe zunehmend größer, in dem glei-chen Maß, wie die Abstraktheit der Reizrepräsentation zunimmt.

Fast alle (90 %) der retinalen Ganglienzellen projizieren zu dem im Thalamus liegenden seitlichen Kniehöcker, dem Corpus geniculatum laterale (Geniculatum), der wichtigsten subkortikalen Schaltstati-on zwischen Auge und Kortex. Das Geniculatum besteht aus sechs übereinanderliegenden Zellkörperschichten. Die beiden inneren Schichten (1 und 2) sind entwicklungsgeschichtlich älter. Die Neu-rone in diesen Schichten haben relativ große rezeptive Felder und werden deshalb auch als magnozellulär bezeichnet. Die vier äuße-ren Schichten mit ihren kleineren rezeptiven Feldern werden als parvozellulär bezeichnet. Diese Unterscheidung in magno- und parvozelluläre Neurone findet sich bereits in der Netzhaut. Ent-sprechende Ganglienzellen schicken ihre Axone zu entsprechenden Zellen im Thalamus. Obwohl es auch Unterschiede in den funkti-onellen Eigenschaften dieser Neurone gibt, könnte unser visuelles System prinzipiell auch mit jeweils einem dieser beiden Systeme auskommen. Der größte Unterschied besteht wohl darin, dass Zellen im magnozellulären System nahezu vollständig farbenblind sind.

Sie erhalten nur Information über die Helligkeit der visuellen Reize. Schädigungen der parvozellulären Schichten im Geniculatum führen unweigerlich zu einem Verlust des Farbensehens. Des Weiteren kommt es nach Schädigungen des Parvo-Systems zu einer leichten Beeinträchtigung der Sehschärfe, während das magnozelluläre System wohl eher für die Wahrnehmung von schnellen Bildabfolgen wichtig ist.

Wegen dieser tendenziellen Übereinstimmung der Eigenschaften der Parvo-Neurone mit denen des temporalen »Was-Pfades« und der Magno-Neurone mit denen des parietalen »Wo-Pfades« wurde lange angenommen, dass die Magno- und Parvo-Bahnen in der Netzhaut und im Geniculatum direkt in die höheren Verarbeitungsströme übergehen. Inzwischen ist aber geklärt, dass bereits im primären visuellen Kortex die magno- und parvozellulären Signale gründlich durchmischt werden.

Auch die Information aus linkem und rechtem Auge wird erst im Kortex vermischt. Durch die Sehnervenkreuzung der Nervenfasern der Ganglienzellen der nasalen Retinahälften erhält jedes Geniculatum seine Eingänge von den Ganglienzellen, die auf Reize in der gegenüberliegenden Gesichtsfeldhälfte antworten (siehe Abb. 8). So erhält beispielsweise das linke Geniculatum seine Eingänge aus der linken Retinahälfte jedes Auges, die temporale Hälfte des linken Auges und die nasale Hälfte des rechten Auges. Im Geniculatum kommt es aber noch zu keiner Vermischung der Ganglienfasern, denn jede Schicht erhält ihre Eingangssignale nur von einem Auge. Diese etwas kompliziert wirkende Anordnung sorgt letztendlich dafür, dass dem Gehirn Information aus beiden Augen zur Verfügung steht. Die Bilder im linken und rechten Auge unterscheiden sich aber geringfügig. Sie sind gegeneinander verschoben. Die Verschiebung wird Querdisparation genannt, und aus dieser Information kann das visuelle System die räumliche Tiefe berechnen. Dies ist übrigens auch die Grundlage der sogenannten Autostereogramme (»Magic Eye«), bei denen die Querverschiebung dadurch entsteht, dass die Augen in einer falschen Tiefenebene fokussieren.

Durch den Erhalt der räumlichen Anordnung der retinalen Ganglienzellen bei der Projektion sind auch die Geniculatumschichten retinotop organisiert. Die sechs Schichten sind so angeordnet, dass die sechs neuronalen Karten der kontralateralen Gesichtsfeldhälfte genau übereinanderliegen und sich daher auch die Zentren der rezeptiven Felder von vertikal übereinanderliegenden Neuronen aller Schichten an derselben Stelle befinden. Das Geniculatum dient nicht nur als Durchgangsstation für die Eingangssignale vom Auge zum primären visuellen Kortex, sondern es erhält auch zahlreiche Eingänge aus dem Kortex oder vom Hirnstamm. Vermutlich kann der retinale Informationsstrom in Geniculatum reguliert werden, indem beispielsweise Reize, die aufmerksam beachtet werden sollen, über die Verbindungen vom Kortex zum Thalamus verstärkt werden.

Konvergenz und Effizienz

Retinale Ganglienzellen besitzen kleine kreisförmige rezeptive Felder, die eine antagonistisch verschaltete Zentrum-Umfeld-Organisation aufweisen. In der Fovea, der Stelle schärfsten Sehens, beträgt der Durchmesser der Feldzentren nur einige Bogenminuten, in der Peripherie dagegen bis zu 3–5 Grad. Ein Grad visueller Winkel entspricht dabei ungefähr der Breite des Daumens auf Armlänge. Etwa die Hälfte der Ganglienzellen sind On-Zentrum-Ganglienzellen, die durch einen auf ihr Zentrum fallenden Lichtreiz erregt und durch Beleuchtung ihres ringförmigen Umfelds gehemmt werden. Die andere Hälfte sind Off-Zentrum-Ganglienzellen, welche durch einen zentralen Lichtreiz gehemmt und durch eine reine Umfeldbeleuchtung erregt werden. Wird hingegen das gesamte rezeptive Feld beider Ganglienzelltypen gleichmäßig beleuchtet, antworten sie nur schwach. Die antagonistische Verschaltung zwischen einem erre-

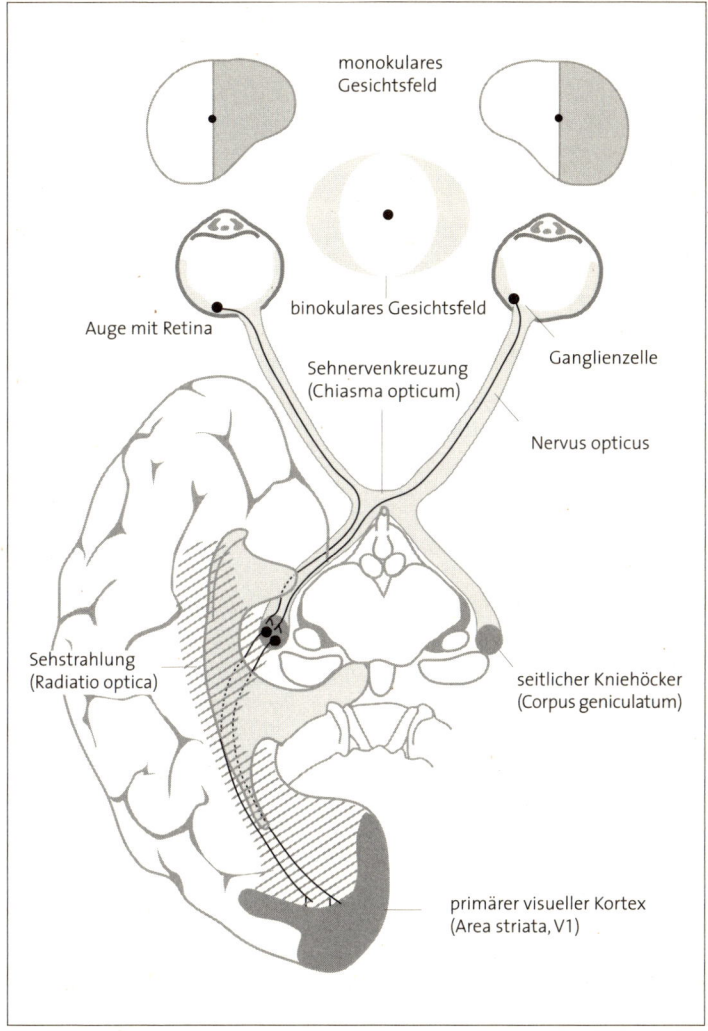

Abb. 8: Die Sehbahn: Schematische Darstellung der neuronalen Verschaltung des menschlichen Sehsystems in der Ansicht von unten

genden Zentrum und einem hemmenden Umfeld bedingt die hohe Empfindlichkeit der Ganglienzellen für örtliche Kontraste. Werden Ganglienzellen z. B. schwarzweiße Muster dargeboten, führt die gleichzeitige Hemmung und Erregung von Zentrum und Umfeld entlang der kontrastreichen Musterkanten zu Zellantworten, die zu einer Verstärkung der Helligkeitsunterschiede (Mach-Bänder) und auch Täuschungen (Hermann-Gitter) in der Wahrnehmung führen können. Der Physiker Ernst Mach entdeckte in der Mitte des 19. Jahrhunderts, dass es bei der Betrachtung eines rampenförmigen Intensitätsverlaufs, wie in Abbildung 9 dargestellt, an den Enden der Rampe zur Wahrnehmung von dunklen und hellen Bändern kommt, die im physikalischen Reiz gar nicht vorhanden sind. Mach ließ es nicht auf dieser Beobachtung beruhen. Er schloss daraus, dass es im Auge Rezeptoren geben muss, die sich wechselseitig hemmen. Ein Neuron am Übergang von dunkel nach hell wird nun stärker gehemmt als die Neurone, die eine gleichmäßig dunkle Stelle kodieren. Daher tritt am Rand des dunklen Teils ein Streifen auf, der als noch dunkler wahrgenommen wird. Beim Übergang zum Hellen ist es genau umgekehrt. Diese Neurone werden weniger gehemmt als ihre Nachbarn, die zu beiden Seiten helle Stellen haben. Daher tritt dort ein heller Streifen auf. Mach ging sogar noch weiter und berechnete aus seinen Beobachtungen die Größe der rezeptiven Felder der retinalen Zellen, lange bevor der Begriff des rezeptiven Felds überhaupt eingeführt wurde.

Die laterale Hemmung benachbarter retinaler Zellen führt zu einer Vielzahl von weiteren Wahrnehmungstäuschungen. Rechts in Abbildung 9 ist ein gleichförmig helles Gitter dargestellt. Die Kreuzungspunkte werden deutlich dunkler wahrgenommen. Dies kann erklärt werden, da an den Kreuzungspunkten mehr Hemmung auftritt (von vier Seiten) als an den verbindenden Balken, die nur von zwei Seiten Hemmung erfahren.

Die laterale Hemmung sorgt also dafür, dass Signale an Kanten verstärkt und langsame Intensitätsverläufe verwischt werden. Eine

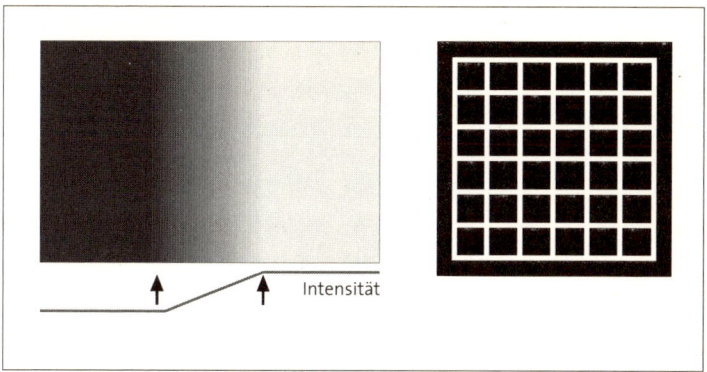

Abb. 9: Mach-Bänder und Hermann-Gitter

statistische Analyse von Bildern natürlicher Szenen ergab nun, dass unsere visuelle Umwelt zu einem großen Teil aus langsamen Übergängen besteht. Würden die Ganglienzellen die jeweilige Intensität im Bild einfach weiterleiten, dann würden viele benachbarte Ganglienzellen fast immer die gleichen Signale weiterleiten. Dies ist sehr ineffizient. Stattdessen wird – wegen der lateralen Hemmung – in diesem Fall gar kein Signal gegeben und die nötige Bandbreite für die Kanten reserviert.

Ein ähnliches Problem hoher Redundanz – also ineffizienter Kodierung – ergibt sich beim Farbensehen. Unser Farbensehen beruht darauf, dass es drei unterschiedliche Typen von Zapfen in der Netzhaut gibt. Diese unterscheiden sich, wie in Abbildung 10 dargestellt, in ihrer spektralen Absorption. Ein Zapfentyp absorbiert in erster Linie Licht im kurzwelligen Bereich zwischen 350 und 450 nm mit einem Maximum bei 420 nm. Da Licht dieser Wellenlänge bei neutraler Betrachtung als blau erscheint, werden diese Rezeptoren »Blau-Zapfen« genannt. Dies ist irreführend, da diese Zapfen auch Licht anderer Wellenlängen absorbieren und die letztlich gesehene Farbe auch von anderen Faktoren, z. B. dem Umfeld, abhängt. Die Absorptionskurven der anderen beiden Zapfentypen sind sehr ähnlich. Ihre Maxima sind nur ca. 30 nm voneinander verschoben. Der Grund für diese hohe Ähnlichkeit ist, dass sich die »Rot- und Grün-Zapfen« erst vor ca. 35 Millionen Jahren durch Mutationen auseinanderentwickelt haben → S. 102 (**Die Gene für das Farbensehen**). Für das Auge bedeutet dies wiederum, dass die Signale in benachbarten Rot- und Grün-Zapfen sehr ähnlich sind. Diese Redundanzen können aber wiederum bereinigt werden, indem die Signale anders kodiert werden. Zum einen wird die Summe der Signale der Rot- und Grün-Zapfen berechnet. Dies entspricht der Helligkeit. Zum anderen wird die Differenz der Signale von Rot- und Grün-Zapfen berechnet sowie die Differenz der Signale der Blau-Zapfen mit der Summe der Rot- und Grün-Zapfen. Diese Differenzmechanismen, bei denen die Zapfen mit unterschiedlichen Vorzeichen eingehen, heißen auch Gegenfarbmechanismen. Diese Gegenfarbsignale werden dann an das Geniculatum weitergegeben, und zwar in anatomisch und funktionell weitgehend unabhängigen Kanälen. Die parvozellulären Schichten des Geniculatums erhalten Information über Helligkeit und Rot-Grün-Unterschiede. Die magnozellulären Schichten erhalten nur Information über die Helligkeit. Die Information über Blau-Gelb-Unterschiede wird über die koniozellulären Bereiche des Geniculatums weitergegeben. Das sind dünne Zwischenschichten, die erst vor kurzem entdeckt wurden. Interessant ist, dass alle Neurone im Geniculatum, die für Farbe empfindlich sind, ihre Präferenz in einer dieser sogenannten kardinalen Farbrichtungen aufweisen, also rot-grün oder blau-gelb. Neurone, die am stärksten auf Zwischentöne, z. B. orange, reagieren, gibt es an dieser Stelle noch nicht. Sie treten erstmals in V1 auf.

Die Fovea im Kortex

Fixieren wir ein Objekt, so wird es im Zentrum des Gelben Flecks der Retina, in der Fovea centralis, abgebildet. Die Fovea nimmt ca. zwei

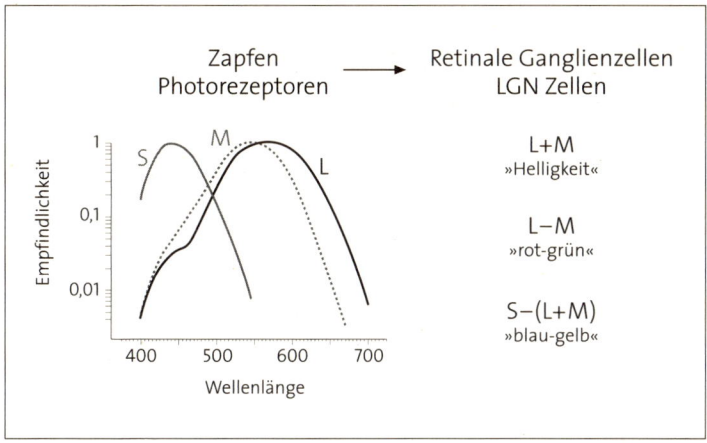

Abb. 10: Gegenfarben: Transformation der Zapfensignale in Gegenfarbkoordinaten. Links sind die Absorptionsspektren der drei Zapfentypen dargestellt, rechts daneben die Verschaltung zu den Gegenfarbmechanismen.

Grad des Gesichtsfelds ein. In der Fovea ist die Sehschärfe am größten, da in diesem Netzhautbereich die Dichte der Photorezeptoren am größten ist. Nur hier ist höchstauflösendes Detailsehen, wie es z. B. zum Lesen dieses Textes nötig ist, möglich. So gibt es in der Fovea etwa 50 000 Ganglienzellen pro Quadratmillimeter und nur 1000 in der Peripherie. Außerdem ist hier, im Unterschied zu den übrigen Netzhautbereichen, eine 1:1-Verschaltung von Photorezeptoren und Ganglienzellen realisiert. Da nur wenige Ganglienzellen auf ein Neuron im Geniculatum projizieren, wird die Fovea, die nur 0,01 % der gesamten Netzhaut einnimmt, und ihre direkte Umgebung durch etwa die Hälfte der Neuronenmasse im Geniculatum repräsentiert. Auch im primären visuellen Kortex bleibt dieses Verhältnis bestehen: So repräsentieren die Hälfte der Neuronen in V1 die Fovea und direkt angrenzende Regionen (Abb. 11). Neuere Untersuchungen legen nahe, dass die vergrößerte Repräsentation der Fovea im Kortex nicht nur durch die hohe foveale Ganglienzelldichte pro Flächeneinheit bedingt ist, sondern dass dem fovealen Input zusätzlicher Raum zugewiesen wird. So beansprucht eine Ganglienzelle nahe der Fovea 3 bis 6-mal so viel Kortexgewebe wie eine Ganglienzelle der Netzhautperipherie. Das Maximum der zur Verfügung stehenden Verarbeitungskapazität wird auf den relativ kleinen Ausschnitt in der Mitte des Gesichtsfelds konzentriert. So sind trotz begrenzter Ressourcen einerseits ein großes Gesichtsfeld (horizontal ca. 180 Grad) und andererseits ein präzises Erkennen von Details möglich.

Der primäre visuelle Kortex – V1

1959 untersuchten David Hubel und Torsten Wiesel, die 1981 für ihre Arbeit den Nobelpreis erhielten, das Antwortverhalten von Neuronen in V1 auf visuelle Reize. Anders als die Neurone in der Retina oder im Geniculatum, antworteten V1-Neurone nur schwach oder gar nicht auf punktförmige Lichtreize, aber sehr heftig auf kurze Lichtstreifen. Je nach Art des visuellen Reizes, der die größte Antwort hervorrief, unterschieden sie 3 Neuronentypen: 1. Einfache Zellen antworten auf Lichtstreifen oder Balken einer bestimmten Orientierung. Die länglichen rezeptiven Felder der einfachen Kortexzellen sind ebenfalls in eine erregende und eine hemmende Zone unterteilt, welche aber nebeneinanderliegen und in einer bestimmten Richtung orientiert sind (siehe Abb. 12). Entsprechend erfolgt die stärkste Antwort, wenn ein streifenförmiger Reiz in derselben Orientierung und Breite wie die erregende Zone der Zelle dargeboten wird. Die selektive Empfindlichkeit für die Orientierung eines Reizes ergibt sich aus einem Vergleich der Antworten der Zelle bei unterschiedlichen Orientierungen des Reizes (Orientierungs-Tuningkurve). 2. Komplexe Zellen zeigen in ihren rezeptiven Feldern keine deutliche Unterteilung in erregende und hemmende Bereiche. Sie antworten ebenfalls selektiv auf die Orientierung streifenförmiger Reize, wobei

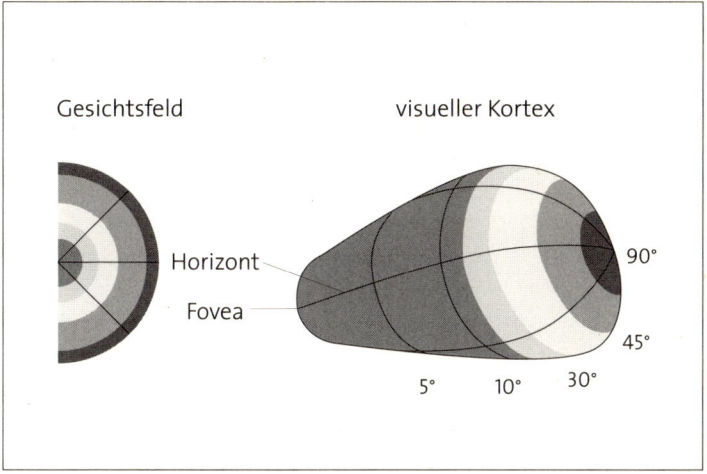

Abb. 11: Foveale Repräsentation im visuellen Kortex. Obwohl die Fovea im Gesichts-feld (links) nur einen kleinen Bereich von ca. zwei Grad einnimmt, beansprucht sie einen großen Teil der Neurone im Kortex (rechts).

aber die genaue Position des Reizes innerhalb des rezeptiven Feldes keine Rolle spielt. 3. Endinhibierte oder hyperkomplexe Zellen antwor-ten auf Streifen, Ecken oder Winkel einer bestimmten Länge, die sich in einer bestimmten Orientierung über ihr rezeptives Feld bewegen.

Während Zellen in der Eingangsschicht (der Schicht 4C) von V1 kon-zentrische rezeptive Felder besitzen, weisen die einfachen Zellen direkt über und unter der Schicht 4C längliche rezeptive Felder mit Orientierungsachsen auf. Nach Hubel und Wiesel entstehen diese länglichen erregenden und hemmenden Zonen der rezeptiven Fel-der einfacher Zellen durch die Konvergenz von mehreren konzen-trisch organisierten Zellen (siehe Abb. 12). Auch die Eigenschaften der rezeptiven Felder komplexer Zellen lassen sich durch konvergente erregende Eingänge einfacher Zellen mit gleich aufgebauten rezep-tiven Feldern erklären.

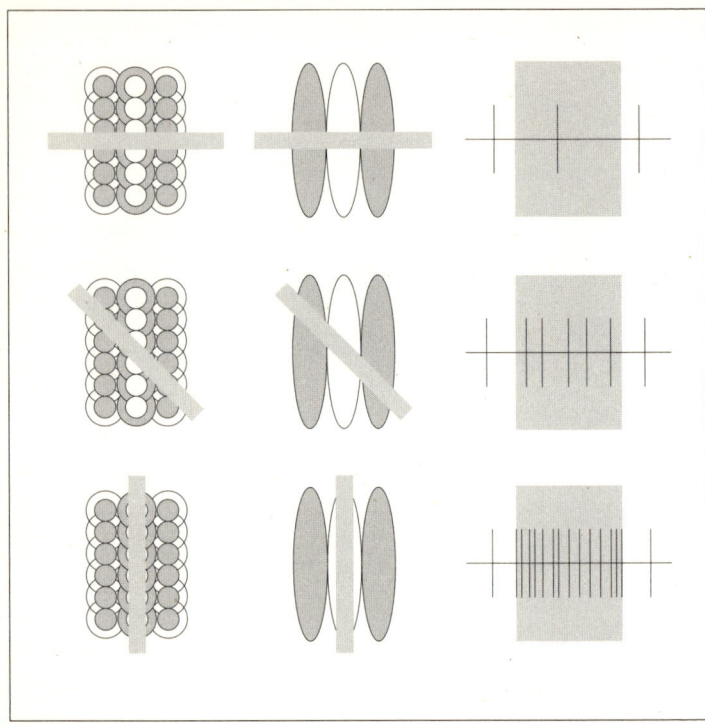

Abb. 12: Orientierungsempfindlichkeit von Neuronen in V1. In der Mitte das rezeptive Feld des Neurons. Links ist dargestellt, wie sich das rezeptive Feld aus einfacheren rezeptiven Feldern zusammensetzt. Rechts ist die Antwort der Zelle auf visuelle Reize unterschiedlicher Orientierung dargestellt. Jeder vertikale Strich entspricht einem Aktionspotential. Das Neuron reagiert am besten auf vertikale Balken.

Mit Hilfe von senkrecht in den Kortex eingeführten Mikroelektroden wurde festgestellt, dass die Zentren der rezeptiven Felder von übereinanderliegenden Neuronen sich an derselben Position im Gesichtsfeld befinden und dass diese Neurone auch dieselbe Reizorientierung bevorzugen. Untersucht man die Orientierungspräferenz der Neurone tangential zur Kortexoberfläche, ändert sich die bevorzugte

Reizorientierung in kontinuierlichen Schritten. Jede Orientierungssäule ist etwa 30−100 μm breit.

Mit Hilfe eines optischen bildgebenden Verfahrens, bei dem ein direktes Abbild der Aktivität der Neurone an der Kortexoberfläche erstellt wird, konnte für V1 eine regelmäßige windmühlenartige Anordnung der Orientierungssäulen um ein in der Mitte liegendes Zentrum nachgewiesen werden. In jedem Windrad (»pinwheel«) kommt jede Orientierungssäule nur einmal vor. Neben den Orientierungssäulen wurden auch noch sogenannte Augendominanzsäulen festgestellt. So zeigt etwa die Hälfte der Neurone einer Positionssäule bei der Reizdarbietung eine deutliche Präferenz für das linke oder rechte Auge.

Der visuelle Kortex scheint also aus Säulensystemen zu bestehen, welche durch folgende drei Merkmale bestimmt sind: 1. Nach der Position des rezeptiven Feldes: Alle Neurone einer etwa 1 Quadratmillimeter großen Positionssäule erhalten ihren Input von derselben Retinastelle. 2. Nach der Augendominanz: Innerhalb einer Positionssäule gibt es für jedes Auge eine Augendominanzsäule. Die Säulen des rechten und linken Auges alternieren regelmäßig entlang der Positionssäulen. 3. Nach der Orientierung: Jede Augendominanzsäule enthält einen vollständigen Satz von Orientierungssäulen, deren Neurone auf das gesamte Orientierungsspektrum von 360 Grad reagieren. Eine Positionssäule, bestehend aus den zwei Augendominanzsäulen und zahlreichen Orientierungssäulen, wird auch als Hyperkolumne bezeichnet. Die Oberfläche des primären visuellen Kortex besteht also aus regelmäßig angeordneten Hyperkolumnen, die als elementare Verarbeitungsmodule zur Analyse der Orientierung und Länge von Linien- und Kantensegmenten eines bestimmten Retinabereiches die notwendige Voraussetzung zur Formanalyse darstellen.

Verarbeitung von Merkmalen

Die funktionellen Säulensysteme legen nahe, dass verschiedene Aspekte der visuellen Reize unabhängig voneinander verarbeitet werden. So wird jeder Bildpunkt auf seine Orientierung, Farbe, Bewegung und Tiefe hin analysiert. Da die achtziger Jahre auch die Zeit waren, in der die ersten massiv parallelen Computerarchitekturen auftraten, und da sich wissenschaftliche Theoriebildung allemal am neuesten Stand der Technik orientiert, wurde die Hypothese aufgestellt, dass das Gehirn all diese lokalen Analysen gleichzeitig und parallel durchführt. Natürlich gab es auch empirische Evidenz für diese Annahmen. Anatomisch gesehen verlaufen in V1 und den daran anschließenden Arealen die größten der Vorwärtsprojektionen in verschiedenen Strängen. Anfärbung mit dem mitochondrischen Enzym Cytochrom-Oxidase (CO) macht in V1 an der Kortexoberfläche Flecken sichtbar, sogenannte Blobs. In V2 werden dicke und dünne Streifen angefärbt, die sich mit blassen Streifen abwechseln. Manche Forscher fanden nun in den Blobs von V1 und in den dünnen Streifen von V2 in erster Linie Zellen, die farbselektiv reagierten, während in den anderen Bereichen farbempfindliche Zellen fast nie auftraten. Ähnliche Spezialisierungen wurden für die Analyse von Bewegung (in den dicken Streifen von V2) und von Form (in den blassen Streifen von V2) postuliert. Schließlich gab es auch eine Reihe von psychophysischen Befunden, die eine solche getrennte Verarbeitung nahelegten.

Inzwischen gibt es aber eine ganze Reihe von gründlichen Untersuchungen, in denen die funktionellen Eigenschaften von einzelnen Zellen in den verschiedenen, durch CO definierten Bereichen umfassend gemessen wurden. Dabei fand man zwar eine leichte Tendenz in Richtung der postulierten getrennten Kanäle, aber im Prinzip reagieren z.B. fast alle Neurone in V2 auf mehrere visuelle Attribute gleichzeitig. Eine strikte Aufteilung der visuellen Information in parallele Verarbeitungsbahnen liegt also nicht vor. Auch psychophysisch ist inzwischen eindeutig belegt worden, dass Form und Bewegung auch bei Reizen wahrgenommen werden kann, die ausschließlich durch Farbe definiert (isoluminant) sind. Für die weitere Auswertung der visuellen Signale bietet die gleichzeitige, multidimensionale Analyse einen entscheidenden Vorteil: Die Information über die verschiedenen Eigenschaften eines Objekts (Farbe, Form, Bewegung) muss nicht erst wieder auf einer unbestimmten höheren Verarbeitungsebene kombiniert werden.

Objekterkennung

Im temporalen Kortex konnten Bereiche identifiziert werden, die spezifisch auf ganz bestimmte Objektkategorien antworten. Untersuchungen an Affen und Menschen zeigten, dass einige Zellen des inferotemporalen Kortex nur auf Hände oder Gesichter ansprechen. Unter den gesichtsspezifischen Zellen gibt es solche, die besonders gut auf frontale Ansichten von Gesichtern ansprechen. Verändert man das Gesicht, indem man Teile weglässt oder im Profil zeigt, verringern die Neurone ihre Antwort. Andere reagieren bevorzugt auf Profilansichten, bestimmte Gesichtsausdrücke oder nur einzelne Gesichtselemente. Zum Teil genügen schon Grundelemente wie zwei Punkte und ein Strich, um eine Reaktion auszulösen. Es scheint eine Aufteilung in Neuronenpopulationen zum Erkennen allgemeiner Eigenschaften von Gesichtern und solchen zum Erkennen individueller Gesichter zu existieren. An der Erkennung eines Gesichtes sind Verbände von Neuronen mit unterschiedlichen Antworteigenschaften beteiligt. Die Identifizierung eines individuellen Gesichtes geschieht vermutlich auf Grund der spezifischen Aktivitätsmuster solcher Neuronenverbände. Es existiert also kein einzelnes »Großmutterneuron«, das speziell für die Erkennung des Gesichtes der Großmutter zuständig wäre – allerdings sind nur wenige Neurone notwendig, um ein Gesicht eindeutig zu erkennen. Im temporalen Kortex des Menschen scheinen auch für die Repräsentation und die Erkennung anderer Objektkategorien solche mehr oder weniger spezialisierten Bereiche → S. 114 zu existieren (**Wahrnehmung und Kunst**).

Die Geschwindigkeit der Sicht

Es ist bereits rätselhaft, wie Neurone im Temporallappen solch komplexe Antworteigenschaften besitzen können. Wenn man sich allerdings vor Augen hält, dass diese Neurone nur 5−10 Schaltstationen nach der primären Sehrinde sitzen, dann wird dieser Prozess noch rätselhafter. Neurone in V1 zeigen eine hohe Empfindlichkeit für die Orientierung und die Länge von Kantensegmenten, also für Bestandteile von Objekten. Diese Neurone müssen dann so verschaltet werden, dass ganze Objekte erkannt werden können, und zwar mit nur ganz wenigen Verschaltungsstufen. Dies wurde eindrucksvoll von Simon Thorpe und seinen Kollegen nachgewiesen. Sie zeigten ihren Probanden Bilder von natürlichen Szenen, in denen ein Tier enthalten sein konnte. Aufgabe der Probanden war, eine Reaktionstaste gedrückt zu halten und nur dann loszulassen, wenn ein Bild mit einem Tier gezeigt wurde. Nach der Darbietung eines Tierbildes dauerte es in der Regel 300 Millisekunden, bis die Taste losgelassen wurde. Dies beinhaltet jedoch auch die Zeit, bis der visuelle Reiz überhaupt im Gehirn angelangt ist, und die Zeit zur Auslösung der motorischen Reaktion. Um einen besseren Eindruck von den Verarbeitungsprozessen im Gehirn zu erhalten, maßen Thorpe und Kollegen die Hirnströme der Probanden mittels des Elektroenzephalogramms (EEG). Im EEG zeigte sich dann, dass bereits nach 150 Millisekunden Unterschiede zwischen den Gehirnströmen in beiden Arten von Bildern bestanden. Da es ca. 50−80 Millisekunden dauert, bis der visuelle Reiz überhaupt in der primären Sehrinde angelangt ist, bleiben somit nur noch 70−100 Millisekunden an kortikaler Verarbeitung für diese doch sehr komplexe Aufgabe. Dieser kurze Zeitraum erlaubt nur etwa 5–10 kortikale Verarbeitungsschritte.

Die obigen Ausführungen lassen den großen Fortschritt der visuellen Neurowissenschaften erkennen, der in den letzten 40 Jahren seit den bahnbrechenden Arbeiten von Hubel und Wiesel gemacht wurde. Es wird aber auch deutlich, dass die entscheidenden Prozesse immer noch unklar sind. Ehe wir nicht die Frage beantworten können, wie wir Objekte erkennen können, wird das visuelle System immer ein Rätsel darstellen. Gerade die dazu beitragenden Konstanzleistungen stellen die Wissenschaft vor Probleme. Unabhängig von Entfernung, Beleuchtung, Ansichtswinkel und vielen anderen »störenden« Variablen können wir Objekte mühelos und schnell identifizieren. Die größten Fortschritte sind hier wohl von der Kombination aus Einzelzellableitung und gleichzeitiger Psychophysik zu erwarten (**Vom Neuron zum Bewegungssehen**). → S. 99

HÖREN

Wir haben bereits die Aufnahme von Schallreizen im Innenohr und den Transduktionsprozess besprochen. Hier wollen wir zuerst den Verarbeitungsschritt besprechen, der zwischen diesen beiden Prozessen liegt. Die knöcherne Hörschnecke (Cochlea) ist der Länge nach unterteilt. Die Druckveränderungen am ovalen Fenster werden von der Basis der Cochlea zur Spitze geleitet, um dann in einem zweiten Abteil wieder zurück zur Basis zu gelangen, wo dann durch das runde Fenster ein Druckausgleich entsteht. In der Cochlea liegen der Länge nach zwei Membranen übereinander, die Basilarmembran und die Tektorialmembran. Der Schalldruck führt dazu, dass die Membranen in Schwingung versetzt werden. Dadurch scheren die Sinneshärchen, die im sogenannten Organ von Corti auf der Basilarmembran sitzen, gegen die Tektorialmembran und werden elektrisch erregt. Diese

Erregungen werden im Spiralganglion gesammelt und von dort an den Cochleariskern im Hirnstamm weitergeleitet.

In diesem Stadium der Verarbeitung gibt es einige interessante Unterschiede zum visuellen System. Zunächst einmal gibt es im auditorischen System nur ca. 30 000 Nervenfasern in jedem Ohr. Diese Zahl liegt über der Anzahl von Haarzellen im Innenohr. Es gibt in jedem Ohr nur etwa 3500 innere und 12 000 äußere Haarzellen. Davon sind allerdings nur die selteneren inneren Haarzellen für die eigentliche Sinneswahrnehmung zuständig. Von den äußeren Haarzellen nimmt man an, dass sie durch Veränderungen ihrer Länge die mechanischen Eigenschaften der Tektorialmembran so verändern können, dass die Empfindlichkeit der inneren Haarzellen sich ändert. Es gibt also zum einen drastisch weniger Rezeptoren als im visuellen System. Zum anderen gibt es im auditorischen System eine massive Divergenz schon ganz am Anfang beim Übergang von den Haarzellen zu den Hörnervfasern. Zumindest die Divergenz erscheint einleuchtend. Um mit so wenigen Sensoren die Fülle und Vielfalt unseres Hörsinns zu erreichen, sind massive Verschaltungen und Berechnungen notwendig.

Wie schwierig diese Berechnungen sein müssen, lässt sich daraus ablesen, wie wenig Information dem auditorischen System zur Verfügung steht. Aus den Druckveränderungen in den beiden Ohren kann unser Gehör nicht nur Töne und Sprache und deren Intensität heraushören, es kann auch ziemlich gut bestimmen, wo der Schall seinen Ursprung hat. Es ist so, als stünde man am Ufer eines Sees und müsste einzig und allein durch die Betrachtung des Wellengangs an zwei Stellen am Ufer die Anzahl, die Position und die Größe der Boote auf dem See bestimmen. Das klingt ziemlich aussichtslos!

Der erste Ansatzpunkt zur Lösung dieses Problems besteht darin, sich anzusehen, welche Information über den Schall überhaupt im Innenohr weitergeleitet wird. Die Haarzellen reagieren nämlich nicht einfach auf den Schalldruck, sondern auf die Frequenz und Amplitude der Schalldruckänderungen. Schon im 19. Jahrhundert hatte

Hermann von Helmholtz angenommen, dass Schall unterschiedlicher Frequenz immer nur eine Stelle der Basilarmembran schwingen lässt. Das war nicht ganz korrekt, wie die späteren Arbeiten von Georg von Bekesy in den fünfziger Jahren zeigten, der dafür im Jahr 1977 den Nobelpreis erhielt. Schall führt immer zur Schwingung der Basilarmembran auf ihrer gesamten Länge, aber – und das ist der kritische Punkt – die Schwingung ist in Abhängigkeit von der Frequenz der Töne an einer Stelle am größten. Niederfrequente Töne führen zu einer maximalen Auslenkung an der Spitze der Hörschnecke und hochfrequente Töne an der Basis. Je stärker die Schwingung der Basilarmembran, umso größer die Auslenkung der Stereozilien an den Haarzellen und umso größer die elektrische Potentialänderung der Haarzellen. Der Ort des größten Signals entlang der Hörschnecke gibt dann die Frequenz eines Tons an. Unterschiedliche Frequenzen werden in der Regel als unterschiedliche Tonhöhen wahrgenommen. Analog zur retinotopen Organisation des visuellen Systems ist das Hörsystem, nicht nur in der Hörschnecke, tonotop organisiert.

Aber warum ist die Frequenz so interessant für das Hörsystem? Wäre es nicht besser, die auditorischen Reize in Bezug auf ihren Ort im Hörfeld zu ordnen? Besser wäre es vielleicht, aber nahezu unmöglich, denn im Unterschied zur zweidimensionalen Abbildung der Umweltreize in jedem Auge ist die Abbildung im Ohr eindimensional. Der Ursprungsort des Schalls kann erst später errechnet werden, wenn die Information von beiden Ohren kombiniert wird. Die tonotope Anordnung ist aber trotzdem hilfreich in Bezug auf die Objekterkennung, da nahezu alle natürlichen Schallereignisse auf Schwingungen von Membranen oder Saiten zurückzuführen sind. Diese Schwingungen haben immer eine charakteristische Frequenz, aber sie enthalten normalerweise auch Obertöne mit einem Vielfachen der Grundfrequenz. So lassen sich in vielen Fällen die Frequenzen einzelnen Lebewesen oder Objekten zuordnen. Nur die im Laufe der Evolution erst relativ spät entstandenen Sprachreize sind in Bezug auf ihre

Frequenzzusammensetzung endlos kompliziert. Für das Verstehen der Sprache gibt es aber im Gehirn eigene spezialisierte Areale.

Ebenso wie die Frequenz wird auch die Intensität von Schallreizen durch die Erregung der Hörnerven signalisiert. Wie im visuellen System ist auch das auditorische System empfindlich für einen riesigen Bereich von Intensitäten. Schall wird physikalisch entweder als Schallleistung in Watt/m² oder als Schalldruck in Pascal (Pa) gemessen. Beim Schalldruckpegel wird der Schalldruck dann relativ zu einem gerade noch hörbaren 1000 Hertz-Ton von 2×10^{-5} Pa in der nach Alexander Graham Bell benannten Einheit *Bel* bestimmt, beziehungsweise in Zehnteln von Bel, deziBel (dB). Ein Ton, der 100-mal intensiver ist als der Referenzton, hat somit einen Schalldruckpegel von 4 Bel oder 40 dB.

Diese physikalischen Messungen sagen natürlich nichts darüber aus, wie laut ein Ton empfunden wird. Dazu bedarf es psychoakustischer Experimente mit normal hörenden Probanden. Dabei wurden als Standardreize 1000-Hz-Töne verschiedener Schalldruckpegel verwendet und mit der Lautstärke von Tönen anderer Frequenzen verglichen. Diese in Abbildung 13 dargestellten Kurven gleich lauter Töne verschiedener Frequenzen werden Isophone genannt. Bei 1000 Hz entspricht eine Erhöhung um 10 dB etwa einer Verdoppelung der Lautstärke. Um das Ganze etwas anschaulicher zu machen, hier einige Beispiele: 0 dB sind die Hörschwelle, das Rascheln von Blättern hat etwa 20 dB, normales Reden etwa 60 dB, ein lauter U-Bahn Zug bis zu 100 dB und ein → S.109 startendes Flugzeug erreicht die Schmerzschwelle von 140 dB (**Lärm**).

Sowohl die Frequenz als auch die Intensität der Schallreize lassen sich aus den cochlearen Erregungen der Haarzellen eines Ohrs gewinnen. Die räumliche Ortung der Schallquelle ist damit aber nicht möglich. Dazu muss die Information aus beiden Ohren integriert werden. Dies geschieht bereits in den oberen Olivenkernen, die dem Cochleariskern im Hirnstamm nachgeschaltet sind. Dort wird eine dem Ort nach geordnete Repräsentation erstellt, die sich zunutze

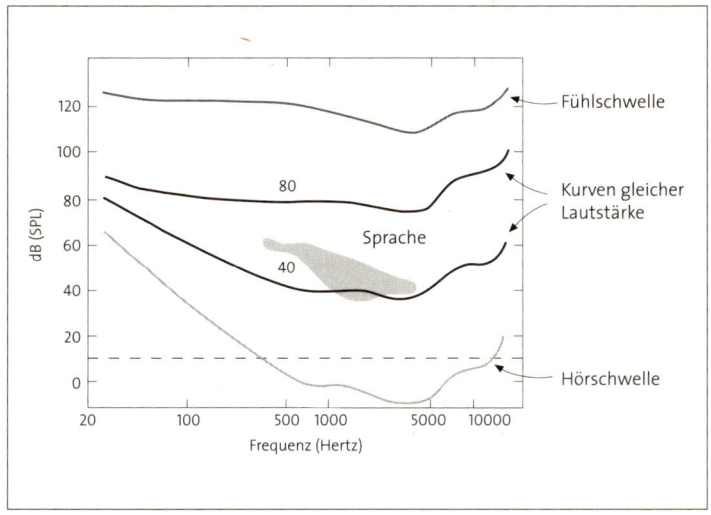

Abb. 13: Kurven gleicher Lautheit

macht, dass der Schallreiz in der Regel nicht genau gleichzeitig in beiden Ohren ankommt. Wenn sich die Schallquelle z. B. genau rechts von uns befindet, dann ist die Laufzeit zum linken Ohr einen Bruchteil einer Millisekunde länger. Diese winzigen Zeitunterschiede kann das auditorische System benutzen, um die horizontale Position von Schallquellen zu bestimmen. Gleichzeitig werden auch noch Unterschiede der Schallintensität benutzt, die sich daraus ergeben, dass ein Ohr im Hörschatten zur Schallquelle liegt.

Vom Hirnstamm aus gelangt die auditive Information über die oberen Hügel des Tektums und den medialen Kniehöcker des Thalamus zum primären auditorischen Kortex (A1) in der Sylvi'schen Fissur des Temporalkortex. Auf diesem Weg werden zunehmend auch die Informationen von verschiedenen Frequenzen kombiniert. Damit lässt sich dann z. B. auch die vertikale Position von Schallquellen bestimmen, da sich wegen der Form der Ohrmuschel die spektrale

Zusammensetzung der Hörreize entlang der vertikalen Dimension in einer vom Gehör erlernten Systematik ändert. Der Übergang von Tönen zu Klangobjekten, den unser auditorisches System mühelos schafft, ist leider noch weniger erforscht als der Übergang von Punkten und Linien zu Objekten im visuellen System.

Wie viel Mühe dieser Übergang bereitet, kann man am besten an dem wohl komplexesten Klangobjekt sehen, der Sprache. Die extrem große Bedeutung der Sprache für die menschliche Evolution steht ganz außer Zweifel. Sprache ist ein Kommunikationssystem, das es nur beim Menschen gibt, auch wenn bereits Vorläufer symbolischer Kommunikationsleistungen bei manchen Tieren beobachtet werden können. Die Schwierigkeit der Sprache zeigt sich bereits im Laufe der Entwicklung, denn Babys, die wohl besten Lerner überhaupt, fangen erst relativ spät – im Alter von 12 Monaten – mit sprachlichen Äußerungen an. Dann brauchen sie sehr lange – mehr als 10 Jahre –, bis sich das Ende der Sprachentwicklung abzeichnet. Die Bedeutung der Sprache wird auch dadurch klar, dass mehrere komplette Hirnregionen – vornehmlich in der linken Hirnhälfte – mit der Verarbeitung von Sprache beschäftigt sind. Dabei dient die Wernicke-Region in erster Linie dem Verständnis von Sprache, ganz egal ob sie gehört oder gelesen wird. Die Broca-Region ist näher an der Sprachproduktion, scheint aber auch für syntaktische Aspekte der Musik verantwortlich zu sein. Der Klang der Sprache und ihr emotionaler Ausdruck, die Prosodie, werden dagegen in erster Linie von Arealen in → S. 87 der rechten Hirnhälfte verarbeitet (**Split-Brain**).

HAUTSINNE

Als Hautsinn werden gleich mehrere Sinne auf einmal zusammengefasst. Unsere Haut beinhaltet nicht nur Rezeptoren für Druck und Vibration, sondern auch für Temperatur und für Schmerz. Diese

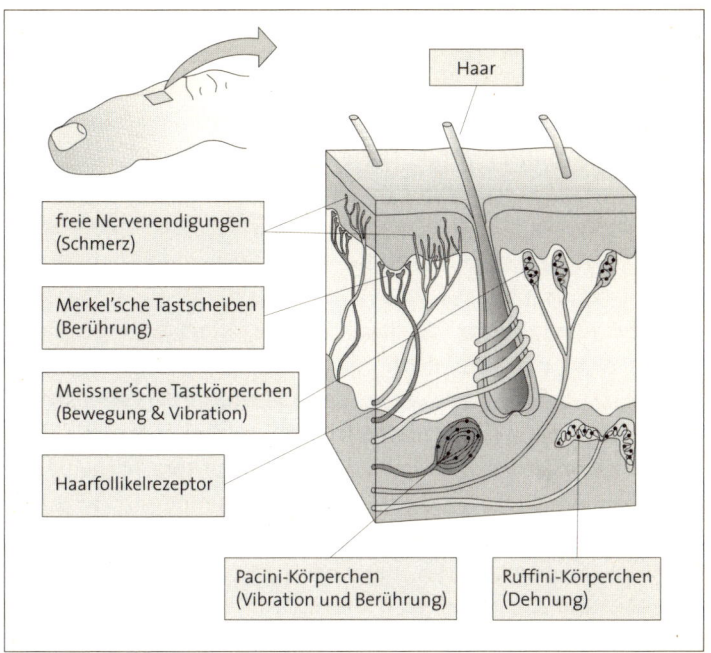

Abb. 14: Rezeptoren für die Hautsinne

Rezeptoren sind unter der Oberhaut in die Lederhaut (Derma) eingebettet. Dabei wirken die freien Nervenendigungen selbst als Rezeptor, oder sie sind in verschiedene Körperchen eingebettet, die auf
Grund ihrer unterschiedlichen Formen und mechanischen Eigenschaften auf unterschiedliche Reize optimal antworten.

Abbildung 14 zeigt einen Ausschnitt aus der Haut mit darin einge-
betteten Rezeptoren. Die Merkelzellen sind sehr dicht über die Haut
verteilt und reagieren auf Punkte und Kanten. Sie adaptieren sehr
langsam. In den Fingerspitzen befinden sich bis zu 100 solcher Zellen
in einem Quadratzentimeter Haut. Obwohl ihre rezeptiven Felder
2–3 Millimeter im Durchmesser sind, erreichen sie durch laterale

Hemmprozesse eine extrem hohe räumliche Auflösung von weniger als einem Millimeter. Die Antwortstärke der Merkelzellen ist dabei unabhängig von der Größe des Drucks auf die Haut. Man kann sich die Signale der Merkelzellen an das Gehirn daher am besten als ein statisches Abbild des taktilen Reizes vorstellen.

Die Meissner-Körperchen sind schnell adaptierende Berührungssensoren, die noch dichter über die Haut verteilt sind als die Merkelzellen. In den Fingerspitzen liegen bis zu 150 Meissner-Körperchen in einem Quadratzentimeter Haut. Trotz der hohen Dichte ist die räumliche Auflösung eher gering, da die Meissner-Körperchen aus vielen großen Zellen bestehen, deren Signale alle einfach summiert werden. Obwohl die Meissner-Körperchen direkt unter der Oberhaut liegen, sind sie nicht empfindlich für statische Verformungen der Haut, da sie in eine Art Kissen eingebettet sind. Wegen ihrer Beschaffenheit reagieren die Meissner-Körperchen gut auf langsame Vibrationen. Ihre eigentliche Funktion liegt aber wohl darin, die Bewegung von Objekten relativ zur Haut anzuzeigen, z. B. wenn uns ein Werkzeug aus der Hand gleitet.

In der behaarten Haut gibt es zudem Haarfollikel-Sensoren, die eine Empfindung bei der Bewegung der Haare vermitteln, wie sie etwa auftritt, wenn sich ein Insekt über die Haut bewegt.

Ruffini-Körperchen sind spindelartige Strukturen, die relativ tief in der Lederhaut liegen. Da sie mit der Kollagen-Matrix der Haut verbunden sind, reagieren sie auf Dehnung und Scherung der Haut, z. B. bei Gelenkbewegungen.

Die Pacini-Körperchen schließlich sind große, zwiebelartige Strukturen mit bis zu 70 »Schalen«, die eine einzige, extrem empfindliche, freie Nervenendigung beherbergen. Die äußeren Schalen funktionieren auch hier als ein mechanischer Filter, der den im Bereich von 10 Nanometer empfindlichen Rezeptor vor den groben Einwirkungen manueller Arbeit beschützt. Die Pacini-Körperchen adaptieren sehr schnell und reagieren optimal auf Vibrationen. In unserer Umwelt gibt es natürlich nicht sehr viele vibrierende Objekte. Dagegen liefern die Pacini-Körperchen wichtige Information über texturierte Oberflächen, die wir befühlen. Vor allem beim Lesen der Blindenschrift (Braille) dürften diese Sensoren auch eine bedeutende Rolle spielen. Obwohl die Pacini-Körperchen riesige rezeptive Felder haben, sind sie durch ihre extreme zeitliche Auflösung von bis zu 1000 Hz und ihre räumliche Empfindlichkeit sehr hilfreich, um gerade eben kleinste Details zu erkennen. Außerdem dürften die Pacini-Körperchen die einzigen Sensoren sein, die beim Bearbeiten von Oberflächen mit Werkzeugen eine Rolle spielen.

Die verschiedenen Rezeptoren sind also alle auf unterschiedliche Funktionen spezialisiert. Die Rezeptoren sind dabei mit spezialisierten Nervenfasern verbunden, die unterschiedlich schnell adaptieren und ihre Signale in getrennten Bahnen an das Gehirn schicken. Auch im primären somatosensorischen Kortex (S1) werden die Signale der unterschiedlichen Rezeptoren anfänglich in getrennten Säulensystemen verarbeitet. Der somatosensorische Kortex weist dabei ganz ähnlich wie im visuellen System eine geordnete Repräsentation auf. Stellen, die auf der Hautoberfläche nahe beieinanderliegen, werden auch in S1 in benachbarten Neuronen verarbeitet. Dabei wird der Körperoberfläche umso mehr Kortexoberfläche zugeordnet, je dichter dort die Rezeptoren angeordnet sind. Abbildung 15 zeigt eine Figur, in der die Körperteile proportional zur Größe der Repräsentation in S1 gestaltet wurden. Man erkennt sofort, dass die Fingerspitzen und die Lippen dabei die genaueste Repräsentation im Gehirn erfahren, ähnlich wie die Fovea als Stelle des schärfsten Sehens den größten Raum im visuellen Kortex beansprucht. Genauso wie wir beim Sehen die Augen bewegen, um die interessanten Objekte auf der Fovea abzubilden, ergreifen wir beim Tasten die Objekte mit den Fingern, um sie möglichst präzise ertasten zu können.

Die Haut beinhaltet auch Sensoren, die auf Änderungen der Umgebungstemperatur reagieren. Diese Sensoren dienen als ein

»Frühwarnsystem«. Die Körpertemperatur muss bei Menschen konstant bei 37 Grad behalten werden, da ansonsten die Stoffwechselprozesse nicht geregelt ablaufen können. Änderungen der Außentemperatur können natürlich vom Körper zunächst einmal kompensiert werden, z. B. durch Schwitzen oder Zittern. Dabei wird aber Energie verbraucht. Wenn der Körper Änderungen der Außentemperatur messen und damit Änderungen der Körpertemperatur antizipieren kann, dann können eventuell bereits vorher Gegenmaßnahmen ergriffen werden. Einfacher gesagt, wenn es kalt wird, dann ziehen wir uns eben eine Jacke an.

Um genau zu sein, befinden sich auf der Haut getrennte Kälte- und Wärmesensoren, von denen sich jeweils nur eine Empfindung auslösen lässt. Im Gesicht und an den Extremitäten befinden sich bis zu 10 Kaltpunkte und 1 Warmpunkt pro Quadratzentimeter. Unsere Temperaturempfindung ist allerdings sehr flexibel und adaptiert innerhalb eines weiten Bereichs. Als physiologischer Nullpunkt wird diejenige Hauttemperatur bezeichnet, bei der keine Temperaturempfindung entsteht. Er liegt je nach Körperregion zwischen 28 und 33°C. Der Temperaturbereich, in dem eine vollständige Adaptation der Empfindung eintritt, wird Zone der Indifferenztemperatur genannt, seine untere Grenze wird mit 24 bis 30°C, seine obere Grenze mit 33 bis 36°C angegeben. Die Größe dieses Bereichs ist abhängig von der Größe der gereizten Hautfläche, bei kleinen Hautarealen ist sie breiter, bei großen Arealen wird sie kleiner. Messungen des Zeitverlaufs der Adaptation nach sprunghafter Änderung der Hauttemperatur innerhalb der Indifferenzzone zeigten, dass es viele Minuten dauert, bis die durch den Temperatursprung verursachte Temperaturempfindung wieder der Neutralempfindung weicht. Auch außerhalb der Indifferenzzone tritt eine unvollständige Adaptation ein, die Intensität einer Kalt- oder Warmempfindung wird geringer. Ein heißes Bad erscheint uns also schon nach kurzer Zeit lauwarm, auch wenn die Temperatur des Wassers noch nicht in diesem Maße abgenommen hat.

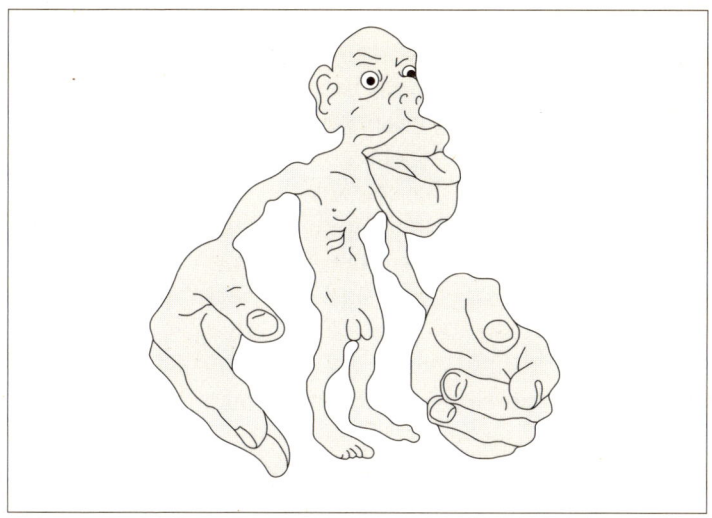

Abb. 15: Somatosensorischer Homunkulus

Neben den Temperatursensoren gibt es in der Haut noch ein weiteres Warnsystem, und zwar für die Schmerzempfindung. Schmerz mag auf den ersten Blick leidlich und überflüssig erscheinen, doch zeigen Beispiele von Personen mit Schmerzunempfindlichkeit, dass Schmerz für das Überleben von höchster Wichtigkeit ist. Nur so lassen sich Verletzungen der körperlichen Unversehrtheit vermeiden. Kurzer Schmerz führt zur sofortigen Entfernung von der Gefahrenquelle, was weiteren Schaden vermeidet. Länger anhaltender Schmerz legt Verhaltensweisen nahe, wie z. B. Schlaf, die der Regeneration des Körpers dienen. Schließlich darf die soziale Funktion des Schmerzes nicht vernachlässigt werden. Schmerzschreie können unseren Mitmenschen zur Warnung dienen. Schmerz hat also einen enorm hohen Anpassungswert.

Schmerz wird meist ausgelöst, wenn Körpergewebe beschädigt wird. Dabei werden chemische Substanzen freigesetzt, die freie Nervenendigungen in der Haut aktivieren. Es gibt schnelle Fasern, die zur Wahrnehmung eines kurzen scharfen Schmerzes führen, der aber mit der Adaptation dieser Fasern schnell nachlässt. Der anschließende, dauerhafte Schmerz wird von langsamen Fasern übertragen, die leider auch nur sehr langsam adaptieren. In der zentralen Verarbeitung unterscheidet sich der Schmerz allerdings sehr von den anderen Sinnen. Es gibt im Gehirn kein primäres Schmerzareal. Stattdessen wird die Schmerzinformation breit gefächert und auf viele Bereiche des Thalamus und Neokortex verteilt.

Es ist seit Jahrhunderten bekannt, dass Schmerz mit Opiaten eingedämmt werden kann. Erst vor kürzerer Zeit allerdings fand man körpereigene Stoffe, die ähnlich den Opiaten wirken. Diese Endorphine wirken über das periaquäduktale Grau im Hirnstamm, von dem aus Neurone ins verlängerte Mark ziehen und dort sämtliche vom Rückenmark aufsteigenden Schmerzsignale inhibieren. Diese schmerzhemmenden Neurone werden natürlich nicht nur durch externe Zugabe von Opiaten aktiviert. Verschiedene kognitive und emotionale Faktoren können zur Ausschüttung der Endorphine führen und Schmerzen unterdrücken, z. B. solange wir uns noch in unmittelbarer Gefahr befinden. Interessanterweise wurde in einigen Studien auch nachgewiesen, dass Placebos (also eigentlich unwirksame Substanzen) Schmerzen lindern können, vermutlich auch weil sie zur Ausschüttung von Endorphinen führen.

CHEMISCHE SINNE

Geruch und Geschmack werden als die chemischen Sinne bezeichnet, da bei beiden der Wahrnehmungsprozess mit der Aufnahme von Molekülen von Duft- und Geschmacksstoffen beginnt. Beim Geschmack sind dies feste oder flüssige Stoffe, die von Geschmacksrezeptoren auf der Zunge verarbeitet werden. Beim Duft sind dies gasförmige Stoffe, die von Rezeptoren in der Riechschleimhaut der Nase aufgenommen werden. In der Regel arbeiten Geschmack und Geruch eng zusammen und erlauben die Identifikation einer großen Anzahl unterschiedlicher Aromen. Trotz vieler Gemeinsamkeiten erfolgt die neuronale Verarbeitung von Geschmack und Geruch aber sehr unterschiedlich.

Der Geschmackssinn ist dabei etwas einfacher aufgebaut und wurde in der Vergangenheit auch bereits besser erforscht. Das Interessante am Geschmack ist, dass wir eigentlich fast gar nichts schmecken, wenn der Geruchssinn dabei ausgeschaltet ist. Hält man sich beim Essen die Nase zu, wird verhindert, dass Duftmoleküle entweder über die Nase oder den Rachen an die Riechschleimhaut gelangen. Ohne die Reizung des Geruchssystems sind Menschen nur in der Lage, zwischen vier verschiedenen Grundgeschmäckern zu unterscheiden: salzig, sauer, süß und bitter. Wem dies als etwas dürftig erscheint, der sollte sich die eigentliche Funktion des Geschmackssystems vor Augen halten. Der Geschmack bestimmt in erster Linie, was wir schlucken, also welche Nahrung wir zu uns nehmen. Im Laufe der Evolution hat es vermutlich keine große Rolle gespielt, ob wir Sauce béarnaise oder hollandaise bevorzugen. Wichtig war und ist, dass keine schädlichen Stoffe aufgenommen und dass Stoffe, an denen es mangelt, aufgenommen werden. Genau das wird erreicht, denn die bitteren Stoffe weisen auf Giftiges hin und die süßen Stoffe auf Nahrhaftes mit vielen Kalorien. Sauer und salzig schließlich helfen den körpereigenen Salzhaushalt zu regulieren. Eine größere Variation war und ist nicht notwendig.

Die Zunge ist mit verschiedenen Arten von Papillen bedeckt, in die insgesamt ca. 2000 Geschmacksknospen eingebettet sind. Die Pilzpapillen sind dabei am häufigsten und liegen an der Zungenspitze, die Wallpapillen am hinteren Zungenrand und die Blätterpapillen am seitlichen Zungenrand. Die Geschmacksknospen enthalten die eigentlichen Sinneszellen, die eine Lebenszeit von nur 10 Tagen haben und daher ständig erneuert werden. Die Geschmacksrezeptoren werden entweder aktiviert, wenn in den Nahrungsmitteln enthaltene Salze oder Säuren direkt die Eigenschaften der Ionenkanäle ändern oder wenn, im Falle von bitter und süß, spezielle Rezeptormoleküle aktiviert werden, die dann Veränderungen innerhalb der Zelle auslösen.

Es wurde lange angenommen, dass die vier Grundgeschmäcker jeweils nur an einem Ort auf der Zunge wahrgenommen werden. Inzwischen weiß man aber, dass dem nicht so ist. Wie in Abbildung 16 gezeigt, ist die Empfindlichkeit für verschiedene Geschmäcker relativ gleichförmig über die Zungenoberfläche verteilt. Die Information über den Geschmack wird von den Rezeptoren über drei Hirnnerven erst zum Hirnstamm und dann zum Thalamus weitergeleitet. Von dort aus gelangt die Information zu den Geschmacksbereichen im somatosensorischen Kortex. Es ist noch nicht klar, ob der Geschmack bereits in der Zunge den vier Grundgeschmäckern zugeordnet und dann in spezifischen Nervenfasern zum Kortex geleitet oder ob erst später aus der Aktivität aller Geschmacksrezeptoren ein Sinneseindruck berechnet wird.

Anders ist die Situation beim Geruchssinn. Menschen haben ca. 6 Millionen Geruchsrezeptoren in der Riechschleimhaut der Nase. Damit können 10 000 verschiedene Substanzen entdeckt und immerhin noch die Hälfte davon wiedererkannt werden. Trotz dieser großen Fülle unserer Geruchswelt fällt es uns sehr schwer, Gerüche beim Namen zu nennen, selbst wenn sie uns sehr bekannt sind. Gerüche scheinen vom Gedächtnis anders behandelt zu werden, und das ist nicht weiter verwunderlich, wenn man sich die neuronale Verarbeitung von Gerüchen im Gehirn ansieht. Die Nase ist sozusagen dem Gehirn am nächsten.

Die Moleküle der Duftstoffe in der Luft diffundieren zunächst durch eine Schleimschicht, die über dem Riechepithel liegt, und gelangen so zu den Zilien der eigentlichen Riechzellen. Auf den Zilien befinden sich spezielle Rezeptormoleküle, die die Duftstoffe binden

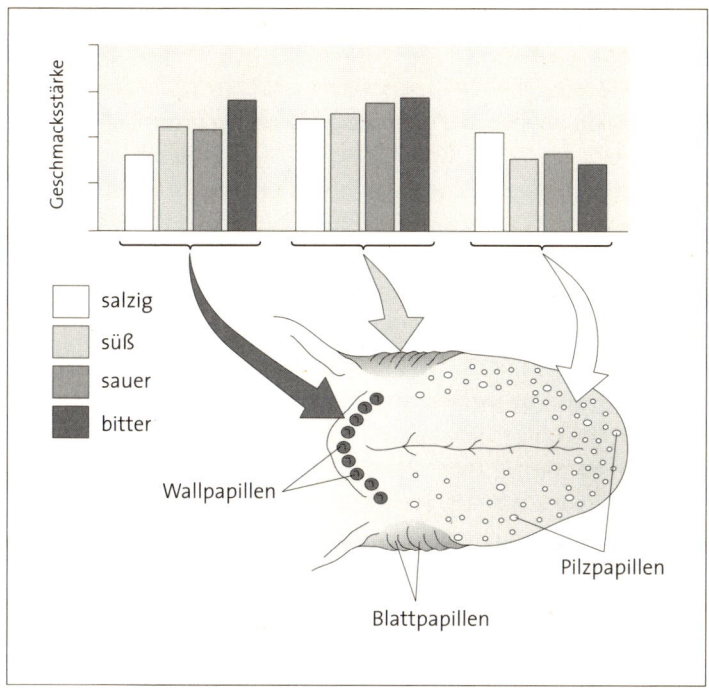

Abb. 16: Geschmacksrezeptoren

und anschließend innerhalb der Zelle Prozesse auslösen, die zu einer Potentialänderung führen. Es gibt ungefähr 1000 verschiedene solcher Rezeptormoleküle, für deren genetische Charakterisierung die amerikanischen Forscher Linda Buck und Richard Axel 2004 den Nobelpreis erhalten haben. Es wird angenommen, dass jeder Duftstoff mehrere verschiedene Rezeptorzellen aktiviert und das Erregungsmuster dieser Zellen zur Wahrnehmung eines bestimmten Geruchs führt.

Die Axone der Rezeptorzellen werden zunächst im Riechkolben gesammelt und gehen von dort nicht erst in den Thalamus, sondern unverzüglich und direkt an eine kortikale Geruchsregion im Temporalkortex und an die Mandelkerne (Amygdala), die Teil des für die Steuerung von Emotionen wichtigen limbischen Systems sind. Es scheint so, als ob bei der Geruchswahrnehmung die Instanz fehlt (der Thalamus), die entscheidet, ob die Gerüche für das emotionale Befinden wichtig sind. Das Gehirn arbeitet mit der Annahme, dass Gerüche immer wichtig sind für Emotionen.

Diese spezielle Rolle des Geruchssinns haben wir vermutlich von unseren tierischen Vorfahren im Laufe der Evolution übernommen, für die der Geruchssinn eine wesentlich größere Bedeutung hatte. Hasen z. B. haben ca. 40 Millionen Duftrezeptoren und einen entsprechend feineren Geruchssinn, der für die soziale Interaktion zwischen den Individuen von großer Bedeutung ist, z. B. beim Markieren von Revieren, bei der Partnerwahl oder für das rechtzeitige Erkennen von Feinden. Beim Menschen hat vermutlich die Bedeutung des Geruchssinns im Laufe der Zeit in dem Maße abgenommen, wie das Sehen und die sprachliche Kommunikation an Bedeutung gewonnen haben. So ist auch die Schwelle, um unterschiedliche Konzentrationen eines Duftstoffs unterscheiden zu können, mit über 10 % relativ hoch. Teilweise Anosmien, also Geruchsblindheiten, scheinen relativ häufig vorzukommen. Schätzungen reichen bis zu einem Drittel der Bevölkerung. Raucher sind ebenfalls stark beeinträchtigt in ihrem Geruchserleben.

Trotzdem scheinen auch beim Menschen noch Mechanismen vorhanden zu sein, mit denen der Geruchssinn körperliche Prozesse direkt steuern kann. So hat 1971 die damalige Studentin Martha McClintock in einer aufsehenerregenden Arbeit gezeigt, dass die Menstruationszyklen von Frauen, die zusammenwohnen, im Laufe der Zeit synchronisiert werden. 1998 hat McClintock dann den Mechanismus nachgeliefert, der dafür verantwortlich ist. Wenn eine Probandin den Schweiß einer anderen Frau riecht, dann wird der Zyklus der Probandin um bis zu zwei Tage beschleunigt oder verzögert, je nachdem an welcher Stelle des Monatszyklus sich die andere Frau befindet. Dies spricht also sehr dafür, dass auch Menschen Pheromone wahrnehmen können, also Duftstoffe, die der Kommunikation innerhalb einer Art dienlich sind.

DIE GESETZE DER WAHRNEHMUNG

Aus den Beschreibungen der einzelnen Sinne sollte klargeworden sein, dass Teile der Verarbeitung sehr spezifisch sind. Es gibt aber einige Prinzipien, die der Wahrnehmung generell zugrunde liegen.

Spezifische Sinnesenergien

Wir haben bereits festgestellt, dass beim Prozess der Transduktion die physikalisch definierten Sinnesreize in elektronische Impulse übersetzt werden müssen. Daraus ergibt sich aber das Problem, dass die Aktionspotentiale, die im Gehirn ankommen, nicht mehr voneinander unterscheidbar sind. Ein Aktionspotential, das dem Ohr entstammt, ist nicht zu unterscheiden von einem, das aus dem Auge kommt. Wie stellt das Gehirn fest, wo die Signale herkommen? Die einfache Lösung des Problems geht auf den Physiologen Johannes Müller zurück, der schon im 19. Jahrhundert das Gesetz der spezifischen Sinnesenergien postulierte. Danach legt sozusagen das Kabel fest, wie die darin enthaltene Information interpretiert wird. Information aus dem Auge kommt in einem speziellen Empfangsgebiet an, dem primären visuellen Kortex, und das Gehirn weiß, dass Erregungen in diesem Areal auf visuelle Reize zurückzuführen sind. Wird ein Aktionspotential im Auge oder im visuellen Kortex auf andere Art ausgelöst, dann führt es trotzdem zu einem visuellen Eindruck. Bei einem Schlag auf das Auge sehen wir sprichwörtlich Sternchen.

Detektierbarkeit (adäquate Reize)

Diese Art der spezifischen Sinnesenergien ist natürlich nur deswegen sinnvoll, weil die Rezeptoren derart beschaffen sind, dass sie optimal nur von einer bestimmten Art von Reiz erregt werden. Wenn die Rezeptoren im Auge z. B. gleichermaßen von Schall und von Licht stimuliert werden könnten, dann wäre es vollkommen unmöglich, später diese Information wieder zu trennen. Die Rezeptoren aller Sinnessysteme sind aber derart beschaffen, und der Transduktionsprozess wurde im Laufe der Evolution derart optimiert, dass nur eine Art von Reiz, der adäquate Reiz, die Rezeptoren erregen kann. Die Grenzen der Detektierbarkeit bewegen sich dabei oftmals nahe an der Grenze des physikalisch überhaupt Machbaren.

Unterscheidbarkeit (Weber'sches Gesetz)

Die optimale Detektierbarkeit von Reizen ist natürlich dann gegeben, wenn nur ein einzelner Reiz überhaupt dargeboten wird. Muss man hingegen einen Reiz detektieren, der zusätzlich zu einem schon vorhandenen dargeboten wird, so spricht man vom Unterscheidungsvermögen. Der Forscher Ernst Heinrich Weber hat nun schon im 19. Jahrhundert bemerkt, dass diese Unterscheidbarkeit schlechter wird, je höher die Intensität des schon vorhandenen Reizes ist. Ist in einer Tasse Kaffee ein Würfel Zucker enthalten, dann schmeckt dieser nach Zugabe eines weiteren Würfels merklich süßer. Hat man aber bereits zehn Würfel Zucker genommen (warum auch immer), dann wird ein weiterer Würfel keinen merkbaren Unterschied mehr machen. Der Grund dafür ist, dass die Sinneszellen mit zunehmender Reizung vermehrt Aktionspotentiale abgeben und dass damit auch die Variabilität der Signale zunimmt, die wiederum zur schlechteren Unterscheidbarkeit führt.

Adaptation

Adaptation bezeichnet die Tatsache, dass wiederholte Reizung mit dem gleichen Stimulus zu einer Abnahme der Reizantwort führt. Besonders stark macht sich die Adaptation bei sogenannten Nacheffekten bemerkbar. Wie schon der Engländer Robert Addams 1834 beobachtete, führt die längere Betrachtung eines Wasserfalls dazu, dass anschließend unbewegte Objekte als sich nach oben bewegend gesehen werden. Dieses Phänomen wurde lange Zeit als Evidenz dafür betrachtet, dass die Sinneszellen, ob jetzt im Auge oder im Gehirn, nach längerer Aktivität ermüden. Inzwischen weiß man aber, dass Adaptation nicht von Nachteil für die Wahrnehmung ist. Ganz im Gegenteil, Adaptation bezeichnet praktisch die Verschiebung des Messbereichs unserer Sensoren, so dass um den neuen Nullpunkt herum die größte mögliche Empfindlichkeit erreicht werden kann. Misst man z. B. die Unterscheidbarkeit von Farben, dann sind Probanden immer dann am genauesten, wenn sie Farben unterscheiden müssen, die von der Hintergrundfarbe möglichst wenig abweichen. Das ist der Grund dafür, warum wir praktisch immer sehen können, wenn an einer Wand der Anstrich an einer Stelle ausgebessert wurde.

Plastizität und Selbstorganisation

Die Sinnessysteme werden in der Regel als statische Systeme dargestellt, deren Neurone fest miteinander zu Schaltkreisen verbunden sind, die dann die Antworten des Systems bestimmen. Dies ist zwar über kurze Zeiträume hinweg wahr, aber auf lange Sicht hin passt sich das Nervensystem (auch das erwachsene) durchaus seinen Eingangssignalen an, um genau diese optimal verarbeiten zu können. Vor allem während der Entwicklung sind diese Eingangssignale sehr wichtig, um die Verbindungen zwischen den Neuronen und auch zwischen ganzen Hirnarealen festzulegen. Bei blind Geborenen wurde z. B. festgestellt, dass der visuelle Kortex, der ja in diesem Fall keine Eingangssignale vom Auge erhält, nicht einfach »abgeschaltet« wird. Stattdessen wird dieser Bereich des Gehirns beim »Lesen« von Blindenschrift aktiviert. Das somatosensorische System, das ja beim Ertasten der Buchstaben vor besondere Herausforderungen gestellt ist, erweitert sozusagen seine Rechenkapazität, indem es ansonsten unbenutzte Kortexareale in die Analyse mit einbindet. Bei erwachsenen Primaten konnte gezeigt werden, dass nach Amputation eines Fingers anschließend dessen Repräsentation im primären somatosensorischen Areal von den benachbarten Fingern eingenommen wurde.

Ordnung

Es wurde oben bereits dargestellt, dass der Sehsinn, die Hautsinne und auch das Gehör eine geordnete Repräsentation unserer Umwelt erstellen. Beim Sehen ist der visuelle Kortex zumeist retinotop organisiert, der Hautsinn somatotop und das Gehör tonotop. Reize, die in der Umwelt zusammengehören, werden auch im Gehirn an benachbarten Stellen verarbeitet.

Tuning (Fovea)

Diese geordnete Verarbeitung deckt aber nicht wie eine Gießkanne alle Bereiche der Umwelt gleich gut ab. Beim Sehen konzentriert sich ein großer Teil des visuellen Kortex auf die Repräsentation der Fovea, der zentralen 2–4 Grad mit der höchsten Sehschärfe. Die Unschärfe im peripheren Gesichtsfeld stellt kein großes Problem dar, denn die Augen (und auch der Kopf) sind beweglich, so dass die Fovea innerhalb von kürzester Zeit (weniger als zwei zehntel Sekunden) auf jeden anderen Ort gerichtet werden kann. Ähnliches gilt für die Hautsinne. Die Tastrezeptoren sind auf den Fingern und an den Lippen besonders dicht angeordnet. Wenn wir etwas befühlen wollen, dann können wir es einfach in die Finger nehmen. Beim Gehör ist dies etwas anders. Hier sind alle Frequenzen ziemlich gleichmäßig abgedeckt, wenn auch die Empfindlichkeit im sprachlichen Bereich am höchsten ist. Beim Gehör gibt es nur sehr begrenzte Mechanismen, um einen Ton besser zu hören. Durch Ausrichtung des Kopfes, und damit der Ohrmuschel, gewinnen wir etwas an Empfindlichkeit. Des Weiteren können äußere Haarzellen ihre Form verändern, so dass bestimmte Frequenzen verstärkt werden. Der Gewinn durch diese Mechanismen ist jedoch bei weitem nicht so groß wie beim Sehen und Fühlen. Beim Hören ist eine solche Feineinstellung nicht so gewinnbringend wie bei den anderen Sinnen, da die Repräsentation in der Cochlea tonotop ist und die Frequenz der Reize nicht verändert werden kann. Zudem ist der Zusammenhang zwischen Objekten und Frequenzen nicht so einfach, wohl aber zwischen Objekten und Orten, ob auf der Haut oder im Gesichtsfeld.

Modularität

Die meisten Sinne weisen nicht nur eine geordnete Repräsentation auf. Zusätzlich gibt es für verschiedene Aspekte der Reize eine Vielzahl von Analysatoren. Beim Sehen wird jede Stelle im Gesichtsfeld auf seine Farbe, Orientierung und Bewegung hin untersucht. Im Thalamus gibt es zwei verschiedene Typen von Zellen, parvo- und magnozelluläre, die unterschiedliches Antwortverhalten, tonisch oder phasisch, aufweisen. Ähnlich ist es beim Hautsinn; an jedem Ort der Haut gibt es mindestens vier verschiedene Arten von Rezeptoren, die auch entweder langsam oder schnell adaptieren und unterschiedliche Berührungen bevorzugen. Diese Verarbeitungseinheiten bilden im Gehirn meist Säulensysteme. Die Verarbeitung ist modular und erfolgt zumindest auf den allerersten Verarbeitungsstufen unabhängig voneinander.

Aufmerksamkeit

Bisher haben wir die Mechanismen der Wahrnehmung so darge-stellt, dass sie von den Reizen angestoßen werden und dann vom Rezeptor zum Gehirn hin ablaufen. Es gibt aber auch durchaus Ein-flüsse, die vom Gehirn ausgehend die Aktivität auf den früheren Stu-fen beeinflussen. Aufmerksamkeit ist ein solcher Prozess, bei dem entweder auf einen Ort oder auf ein bestimmtes Merkmal beson-→ S. 105 ders viele Ressourcen verwendet werden (**Visuelles Gedächtnis**). Laut einer gängigen Vorstellung kann man sich Aufmerksamkeit vor-stellen als einen Scheinwerfer, der alle Objekte im Scheinwerferlicht besonders beleuchtet, während alles andere in gleichem Maße vernachlässigt wird und eventuell überhaupt nicht ins Bewusstsein → S. 80, S. 90 gelangt (**Unbewusste Wahrnehmung, Neuropsychologie**).

Vorannahmen

Nicht alle Prozesse, bei denen das Gehirn die periphere Verarbeitung beeinflusst, gehen auf Aufmerksamkeit zurück. In vielen Fällen legt die höhere Instanz gewisse Rahmenbedingungen fest. Betrachtet man z. B. Abbildung 17, dann fällt zunächst die dreidimensionale Struktur der schattierten Scheiben auf. Die inneren Scheiben werden dabei zumeist als Vertiefungen und die äußeren als Erhebungen gesehen. Wenn Sie das Buch um 180 Grad drehen, werden Sie genau zu der umgekehrten Wahrnehmung kommen. Der Grund dafür ist, dass der Grauwertgradient von hell oben und dunkel unten entwe-der als eine von oben beleuchtete Erhebung interpretierbar ist oder als eine von unten beleuchtete Vertiefung. Da aber im Laufe der Evo-lution, und auch im Laufe unseres Lebens, die Lichtquelle fast immer oben ist, schließen wir die zweite Interpretation sofort aus.

Natürlich wurden diese Phänomene nicht nur mit einfachen Bei-spielbildern untersucht. Eine genaue Analyse, wie sich das visuelle

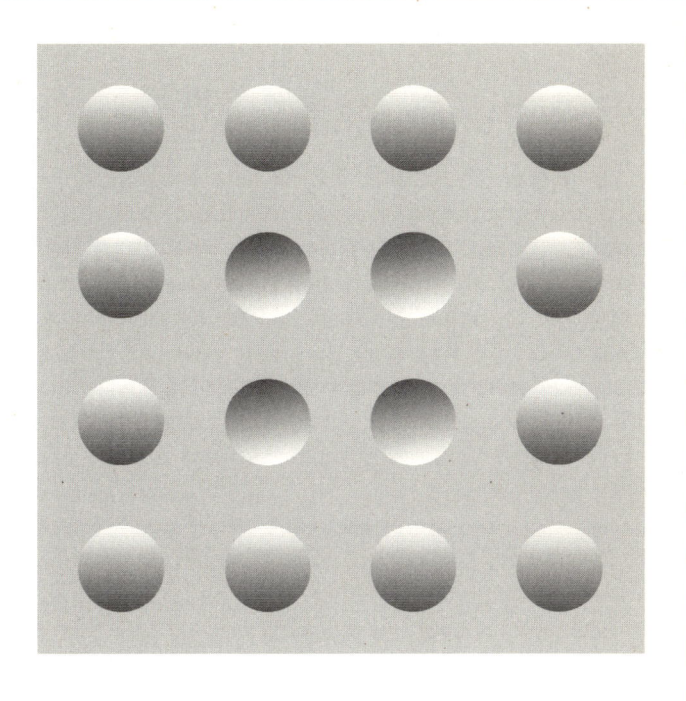

Abb. 17: Drehen Sie diese Abbildung um 180°!

System in derartig vieldeutigen Situationen verhält, kam zu der Schlussfolgerung, dass unser Gehirn sich bei diesen Interpretationen zumeist optimal verhält, nämlich wie vom Mathematiker Thomas Bayes bereits im 18. Jahrhundert postuliert.

Die aufgeführten zehn Gesetze des Sehens formulieren Prinzipien der Informationsverarbeitung in unseren Sinnessystemen. Sie sollten verdeutlichen, dass es für das Verständnis der Sinne sehr hilfreich ist, die Gemeinsamkeiten und Unterschiede vor Augen zu haben.

VERTIEFUNGEN

Unbewusste Wahrnehmung

In den vorangegangenen Kapiteln sind wir implizit davon ausgegangen, dass alle Reize, die von Rezeptoren verarbeitet werden, auch zu bewussten Wahrnehmungen führen. Allein die Prozesse der Aufmerksamkeitskontrolle sorgen aber schon dafür, dass manche Reize, die ganz gezielt zu Erregungen in den primären sensorischen Arealen führen, eben nicht wahrgenommen werden. Was mit diesen »unbewussten« Reizen passiert und ob sie unser Verhalten nicht doch beeinflussen können, hat nicht nur die Wissenschaftler schon von jeher beschäftigt. Im Jahre 1957 machte ein Buch mit dem Titel *Die geheimen Verführer* von Vance Packard auf sich aufmerksam. Darin führte der Autor die erstaunte Leserschaft in neueste Entwicklungen der Werbekunst ein. Techniken würden eingesetzt, die die bewusste Wahrnehmung umgingen. Als Beispiel nannte Packard einen Unternehmer, James Vicary, der eine Maschine entwickelt hätte, die Botschaften unterhalb der Bewusstseinsschwelle auf große Leinwände, wie etwa im Kino, projizieren könne. Die meisten Leser waren verblüfft, ließen sich jedoch durch eine empirische Studie überzeugen, die Vicary als Beleg ins Feld führte. So habe er einen sechswöchigen Test in einem Kino in Fort Lee, New Jersey, durchgeführt. Dabei habe er die Botschaften »Eat Popcorn« und »Drink Coke« alle fünf Sekunden für 3/1000 einer Sekunde eingeblendet, so dass die Botschaften zwar unbemerkt blieben, aber trotzdem den Konsum von Coca-Cola um 18 % und den von Popkorn um 58 % erhöht habe. Diese Resultate verunsicherten die amerikanische Bevölkerung, und ein Jahr nach der Veröffentlichung des Buches von Packard gaben fast die Hälfte der Amerikaner an, sie hätten von den neuen Überzeugungstechniken gehört. Noch bis heute fragen Erstsemester in der Psychologie ihre Dozenten, ob es tatsächlich unbewusste Coca-Cola-Werbung gäbe.

Tatsächlich hatte Vicary, wie er in einem Interview 1962 zugab, diese Studie nie durchgeführt. Die ganze Geschichte war eine Fälschung. Vorgebliche Erkenntnisse über solche Einflussnahme auf unser Fühlen und Handeln werden aber noch heute missbraucht: Botschaften unterhalb der Bewusstseinsschwelle – auf Ton- und Videobändern – könnten zwar nicht bewusst gesehen oder gehört werden, aber sie würden den Käufern dabei helfen, das Rauchen aufzugeben, Gewicht zu verlieren, Stress abzubauen oder das Tennisspiel zu verbessern. Haltbar ist daran nichts.

Die Frage bleibt, weshalb sich diese Angebote auf dem Markt behaupten können. Es muss damit zu tun haben, dass unbewusster Wahrnehmung eine größere Kraft zugesprochen wird als der bewussten Wahrnehmung. Schließlich müssten sonst Bänder mit expliziten Botschaften – beispielsweise »Iss weniger«, »Rauche nicht«, »Konzentriere dich« – Verkaufsschlager sein. Die Wirksamkeit, die der unbewussten Wahrnehmung zugesprochen wird, erinnert vielmehr an Sigmund Freuds Beschreibung der psychischen Instanz des Unbewussten, die sich ebenfalls im Licht der heutigen Forschung eher zweifelhaft ausnimmt.

An dieser Stelle ist jedoch die Schlussfolgerung verfrüht, Befunde zur unbewussten Wahrnehmung seien reine Scharlatanerie. Die Forschung hat gezeigt, dass unbewusste Information durchaus unser Handeln, Fühlen und Entscheiden beeinflussen kann. Allerdings nicht in demselben Maße, wie das die angeführten Behauptungen erwarten ließen. Vielmehr ist es so, dass sich kleine Unterschiede in den Reaktionen in Abhängigkeit von unbewusster Wahrnehmung ergeben. Ferner zeigen auch Patientenstudien, dass nicht alles, was gesehen wird, das Bewusstsein erreicht (**Neuropsychologie**). → S. 90

Die Erforschung unbewusster Wahrnehmung wurde von Anfang an durch methodische Probleme erschwert. Um unbewusste Wahrnehmung nachweisen zu können, muß nämlich zum einen nachgewiesen werden, dass der dargebotene Reiz überhaupt nicht bewusst wahrgenommen wurde. Dazu reicht es nicht aus, die Versuchsperson einfach zu fragen, was sie gesehen hat. Wenn die Versuchsperson sagt, sie hätte nichts gesehen, kann dies nämlich auch daran liegen, dass die Versuchsperson nicht weiß, wie sie das Gesehene in Worte fassen soll. Der Reiz hätte in diesem Fall das Bewusstsein erreicht, wäre aber nur schwer zu verbalisieren. Zum anderen muss ein anderes Kriterium gefunden werden, mit dem sich nachweisen lässt, dass der Reiz doch irgendeine Wirkung im Gehirn erzielt hat. So könnten beispielsweise Reaktionen der Versuchsperson schneller sein, oder die Versuchsperson könnte bestimmte Reize lieber mögen, wenn ein unbewusster Reiz gezeigt wird. Es muss aber ausgeschlossen werden, dass die gefundenen Unterschiede durch bewusste Prozesse erklärt werden können, die ja in der Regel unsere Reaktionen steuern. Diese beiden Bedingungen sind nur sehr schwer gleichzeitig zu erfüllen, so dass es eine lange Debatte in der Psychologie darüber gab, ob es unbewusste Verarbeitung überhaupt gibt.

Experimentelle Untersuchungen, die sich mit der Vorbereitung (»Priming«) durch kurzzeitig dargebotene visuelle Reize befassen, erfüllen diese Kriterien am besten. In Deutschland hat sich insbesondere Odmar Neumann mit diesem Phänomen beschäftigt. In seinen Experimenten wurden den Versuchspersonen zwei visuelle Reize in schneller Abfolge an derselben Stelle eines Monitors präsentiert, wie in Abbildung 18 gezeigt. Der erste Reiz wird als vorbereitender Reiz (»Prime«), der zweite als Zielreiz (»Target«) bezeichnet. Die Größe der Reize wurde so gewählt, dass der vorbereitende Reiz vom Zielreiz umschlossen würde, wenn beide Reize übereinandergelegt würden. Werden vorbereitender Reiz und Zielreiz sehr schnell hintereinander präsentiert, beispielsweise mit einem zeitlichen Abstand von nur 50 ms, dann ist es nahezu unmöglich, den vorbereitenden Reiz zu erkennen. Dieses Phänomen nennt man Metakontrast-Maskierung:

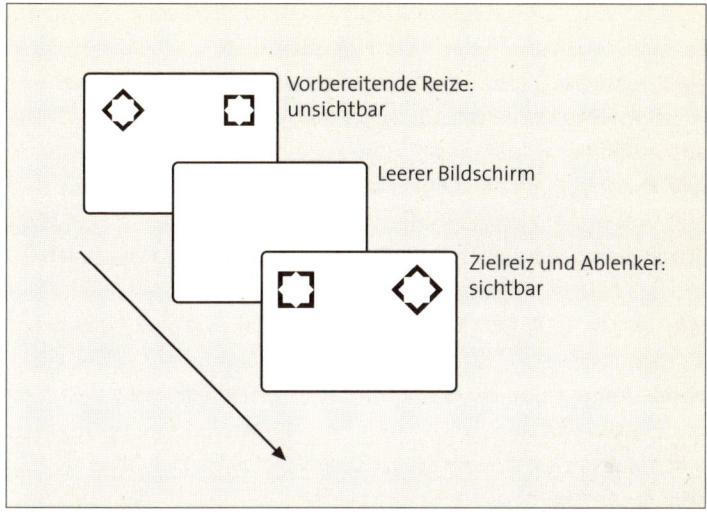

Abb. 18: Reizdarbietung in einem Experiment zur unbewussten Wahrnehmung. Untersucht wird die Reaktion auf zwei aufeinanderfolgende Reize, von denen der erste durch den zweiten unsichtbar gemacht wird. Die Versuchsperson hat die Aufgabe, eine von zwei Tasten zu drücken, je nachdem auf welcher Seite das Quadrat erscheint. Steht es rechts vom zweiten, unwichtigen Reiz (hier eine Raute), soll sie mit der rechten Taste reagieren. Steht es links, mit der linken Taste. Die vorbereitenden Reize nimmt die Versuchsperson nicht bewusst wahr. Trotzdem erhöhen sich die Reaktionszeit und die Fehlerhäufigkeit, wenn der vorbereitende Reiz und der Zielreiz nicht übereinstimmen (wie im dargestellten Fall).

Der spätere, größere Reiz löscht die bewusste Wahrnehmung des vorangehenden Reizes. Dieses Phänomen tritt wohlgemerkt nur dann auf, wenn die zeitlichen Abstände sehr kurz sind. Bei einem längeren Zeitintervall zwischen vorbereitendem und Zielreiz werden beide Reize deutlich wahrgenommen.

Die interessante Frage ist nun, ob der vorbereitende Reiz unbewusste Einflüsse auf die Reaktionen der Versuchsperson hat. Um diese Frage zu klären, wurde den Versuchspersonen die Aufgabe gestellt, so schnell wie möglich auf die Form des Zielreizes zu reagieren. So sollten die Versuchspersonen beispielsweise die linke Taste drücken, wenn das Quadrat links erscheint, und die rechte Taste, wenn es rechts erscheint. Gleichzeitig wurde ein unwichtiger Reiz, eine Raute, auf der anderen Seite dargeboten. Die entscheidende Manipulation war, dass nicht nur der Zielreiz, sondern auch der vorbereitende Reiz die Form eines Quadrates oder einer Raute haben konnte. Damit ergeben sich zwei mögliche Kombinationen der Form von vorbereitendem und Zielreiz: Entweder konnte die Form der beiden Reize übereinstimmen (z. B. Quadrat – Quadrat), oder es konnte zu einem Konflikt kommen (z. B. Raute – Quadrat). Die Ergebnisse der Experimente zeigten, dass die Reaktionen bei Übereinstimmung zwischen vorbereitendem und Zielreiz sehr viel schneller und weniger fehlerhaft waren als bei einem Konflikt. Das deutet darauf hin, dass der vorbereitende Reiz, obgleich er nicht korrekt identifiziert werden konnte, zu einer Aktivierung der entsprechenden Reaktion geführt hat. War der vorbereitende Reiz ein Quadrat und erschien auf der rechten Seite, so wird die rechte Reaktion aktiviert. Folgt nun ein Quadrat als Zielreiz auf der linken Seite, dann ist eine linke Reaktion erforderlich. Der Konflikt zwischen voraktivierter Reaktion und erforderlicher Reaktion erklärt, weshalb sich die Leistungen bei fehlender Übereinstimmung verschlechtern. Das Erstaunliche ist, dass den Versuchspersonen dieser Konflikt nicht bewusst wird, da sie den vorbereitenden Reiz nicht korrekt identifizieren können.

Das Beispiel zeigt, dass Handlungen, in diesem Fall einfache Tastendrücke, von Informationen beeinflusst werden können, die das Bewusstsein umgehen. Die neurophysiologische Basis dafür sind zwei visuelle Verarbeitungsstränge, die sich mit unterschiedlichen Aspekten der visuellen Informationsverarbeitung beschäftigen. Ein Verarbeitungsweg führt von V1 in den inferotemporalen Kortex und ist dafür zuständig, Objekte zu erkennen. Ein anderer Verarbeitungsweg führt von V1 in den posterioren Parietalkortex und stellt Informationen für unsere Handlungen zur Verfügung. Diese Information muss nicht unbedingt bewusst werden.

Mit der Vorstellung getrennter Verarbeitungspfade für unterschiedliche Aufgaben (Erkennen vs. Handeln) lassen sich einige Befunde zur unbewussten Wahrnehmung erklären. Die weiterführende Frage ist, ob sich im Gehirn das Bewusstsein lokalisieren lässt. Eine naive Vorstellung ist, dass sich ein bestimmtes Areal im Gehirn mit dem »Bewusst-Machen« von eingehenden Sinnesdaten beschäftigt. Ein solches Bewusstseinszentrum lässt sich aber nicht finden. Die Frage ist vielmehr, welche verschiedenen kortikalen Regionen daran beteiligt sein könnten. Es gilt als erwiesen, dass Aktivität in V1 nicht direkt mit unserem visuellen Bewusstsein zusammenhängt. Präsentiert man beispielsweise eine Reihe eng beieinanderliegender Sinusgitter in der retinalen Peripherie, so können diese Sinusgitter nicht bewusst gesehen werden. Einzeln präsentiert sind die Sinusgitter und ihre Orientierung aber gut wahrnehmbar. Diesen Effekt nennt man Crowding, da die benachbarten Gitter das Erkennen erschweren. Subjektiv hat man das Gefühl, dass da etwas ist, aber man kann nicht sagen, was es ist. Allerdings hinterlassen diese Sinusgitter in V1 dennoch Spuren: Die orientierungsspezifischen Neurone adaptieren, wenn man die Sinusgitter eine Zeitlang anschaut, so dass Sinusgitter mit einer ähnlichen Orientierung in der Folge schlechter erkannt werden. Das heißt also, dass die richtungsspezifischen Neurone in V1 sehr wohl auf diese Gitter reagiert haben, denn sie weisen nach einiger Zeit einen Ermüdungseffekt auf. Diese Reaktion hat das Bewusstsein aber nicht erreicht, denn die Gitter werden durch Crowding ja maskiert.

Auch die Selektion von Inhalten des visuellen Bewusstseins durch Aufmerksamkeit spricht gegen die V1-Hypothese. Wenn man Versuchspersonen beispielsweise bittet, die Länge von zwei Linien miteinander zu vergleichen, dann bemerken die Versuchspersonen nicht, wenn ein anderer Reiz in der Nähe der beiden Linien dargeboten wird. Wenn man die Linien ohne weitere Instruktionen darbietet, dann sind die anderen Reize jedoch einfach zu erkennen. Die Aufmerksamkeit der Versuchspersonen wird also durch die Längenvergleichsaufgabe gebunden, und andere Reize werden nicht mehr → S. 105 bewusst (**Visuelles Gedächtnis**).

Das visuelle Bewusstsein muss seinen Sitz also jenseits von V1 haben. Um die kortikalen Areale näher zu bestimmen, hat Nikos Logothetis vom Max-Planck-Institut für biologische Kybernetik in Tübingen das Phänomen des binokularen Wettstreits benutzt. Dabei werden dem linken und dem rechten Auge zwei verschiedene Bilder dargeboten. Man sieht dann jedoch nicht zwei Bilder simultan, sondern nur eines von beiden. Welches Bild man sieht, wechselt spontan. Auch Affen können trainiert werden, das spontan wechselnde Perzept anzugeben. Logothetis und Kollegen haben während einer solchen Aufgabe in verschiedenen Arealen des Kortex die neuronale Aktivität aufgezeichnet und untersucht, inwieweit sie mit dem wechselnden Perzept korrelieren. Es zeigten sich nur schwache Korrelationen in V1 und V2. Wurden bewegte Reize benutzt, so zeigten sich substantielle Korrelationen mit Neuronen im Areal MT, bei Mustern unterschiedlicher Orientierung mit Neuronen in V4 und bei Objekten mit Neuronen im inferotemporalen Kortex (IT). Diese Erkenntnisse stimmen gut überein mit dem, was wir bereits über die kortikale Verarbeitung wissen: Bewegung wird in Areal MT verarbei-→ S. 99 tet (**Bewegungssehen**), Objekte in IT usw. Der Schluss, der Sitz des Bewusstseins liege also in jenen Bereichen des Gehirns, die auch die entsprechenden Attribute verarbeiten, ist jedoch unzulässig. Es handelt sich nur um Korrelationen zwischen Gehirnaktivität und bestimmten Wahrnehmungsinhalten. Ob diese Areale kausal für den Inhalt unseres Bewusstseins verantwortlich sind, ist unklar. Immerhin ziehen von MT, V4 und IT neuronale Verbindungen in viele Areale des Gehirns. Eine Hypothese ist, dass Verbindungen der visuellen Assoziationsareale in den frontalen Kortex die Grundlage unseres

Bewusstseins darstellen. Dafür spricht, dass Affen, deren frontaler Kortex zerstört wurde, blind sind. Allerdings ist das nur ein erstes Indiz, und es gibt eine große Anzahl von heftig umstrittenen Hypothesen darüber, welche Strukturen oder Mechanismen visuelles Bewusstsein ermöglichen. Insgesamt gibt es also Evidenz dafür, dass kortikale Areale, die bestimmte visuelle Attribute verarbeiten, auch für deren bewusste Repräsentation sorgen. Die genauen Mechanismen sind allerdings noch unklar.

Split-Brain

Während Belege für unbewusste Wahrnehmungsprozesse bei gesunden Probanden lange Zeit heftig umstritten waren, ist deren Existenz bei Patienten mit Hirnschädigungen schon seit längerem nachgewiesen. Faszinierender ist die Wahrnehmungswelt von Personen, deren Balken – also die Verbindung zwischen den beiden Hirnhälften – durchtrennt wurde. In den 1950er Jahren fanden solche Operationen statt, um die Ausbreitung von epileptischen Anfällen von einer Hirnhälfte auf die andere zu unterbinden. Zu dieser Zeit war die Behandlung psychiatrischer Krankheiten durch chirurgische Maßnahmen gang und gäbe. Man denke beispielsweise an die häufig eingesetzte Lobotomie, die in dem Film »Einer flog über das Kuckucksnest« treffend und sehr eindrücklich beschrieben wurde. Im Gegensatz dazu war aber die Durchtrennung des Balkens eine relativ wirksame Maßnahme und schien völlig frei von unangenehmen Nebenwirkungen zu sein. Dies ist allerdings sehr verwunderlich, da der Balken mit mehr als einer Million Nervenfasern die wichtigste Verbindung zwischen den Hirnhälften darstellt.

Erst Roger Sperry konnte in einer Reihe von aufsehenerregenden Studien zeigen, dass sich in den beiden getrennten Hirnhälften zwei mehr oder weniger getrennte Persönlichkeiten befinden, von denen aber nur die eine, die linke Gehirnhälfte, sprechen kann.

Zunächst führten Sperry und Kollegen Experimente an Katzen durch, denen sowohl der Balken als auch die Sehbahnkreuzung durchtrennt wurden. Dadurch konnten visuelle Reize gezielt einer Gehirnhälfte dargeboten werden (siehe Abb. 8). Darbietungen im linken Auge führten dabei nur zur Aktivierung der linken Gehirnhälfte. Die Katzen mussten nun eine einfache Aufgabe erlernen, z. B. ein Quadrat mit Futter zu assoziieren. Den Katzen wurde dabei beim Erlernen das linke Auge abgedeckt. Wurde nun das linke Auge auf- und dafür das rechte zugedeckt, dann wurde nur die rechte Gehirnhälfte aktiviert. Es zeigte sich, dass die Katzen mit dem rechten Auge wieder ganz von vorne mit dem Lernen beginnen mussten.

Bei den Patienten mit durchtrenntem Balken entstanden solche Probleme natürlich nicht, da ihre Sehbahnkreuzung intakt war und die Objekte ihres Interesses ganz natürlich durch Augenbewegungen zu beiden Gehirnhälften gelangten. Experimentell lassen sich aber Augenbewegungen verhindern, wenn die visuellen Reize nur ganz kurz – weniger als 200 Millisekunden lang – dargeboten werden. Auf diese Weise konnte Sperry, so wie in Abbildung 19 dargestellt, Patienten mit durchtrenntem Balken Objekte in einer Gehirnhälfte präsentieren. Ein Auge bleibt dabei geschlossen. Wird das Objekt nun in der rechten Hälfte des Gesichtsfelds präsentiert, dann erfolgt die visuelle Verarbeitung in der linken Gehirnhälfte. Die Patienten haben keine Schwierigkeiten, das Objekt zu benennen. Wird das Objekt aber in der linken Hälfte des Gesichtsfelds präsentiert, dann können die Patienten das Objekt nicht benennen! Die Sprachverarbeitung erfolgt nämlich in der linken Gehirnhälfte, während die visuellen Reize aus der linken Hälfte des Gesichtsfelds in der rechten Gehirnhälfte ankommen. Die Verbindung zwischen der sehenden Hälfte und der sprechenden Hälfte ist aber bei diesen Patienten durchtrennt. Sperry konnte natürlich zeigen, dass die rechte Gehirnhälfte sehr wohl etwas gesehen hatte. Wenn er die Patienten darum bat, den Gegenstand mit der linken Hand hinter dem Bildschirm aus

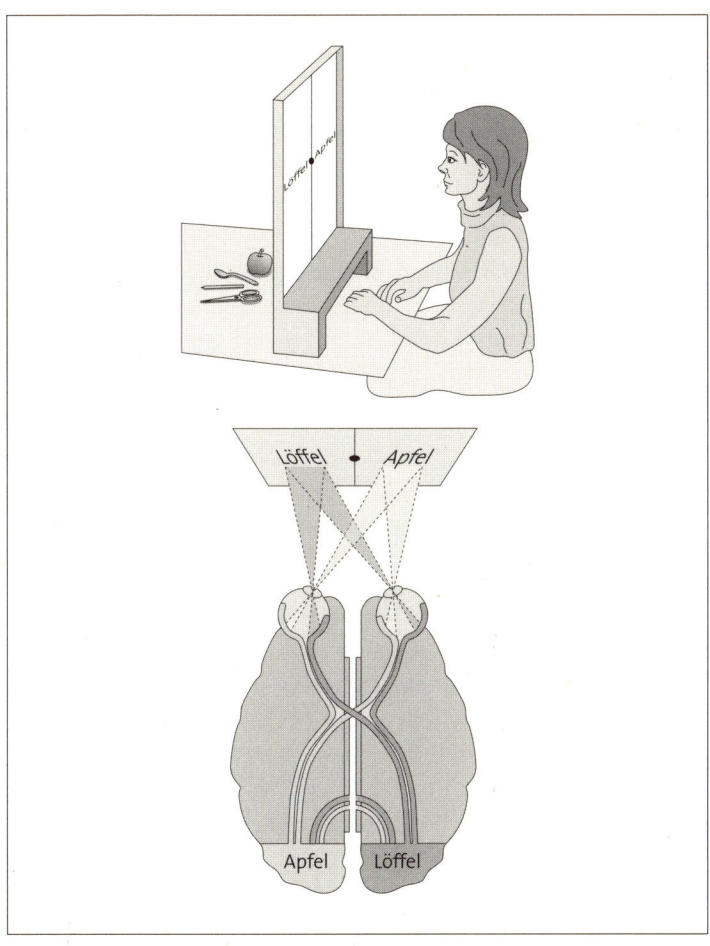

Abb.19: Wird das Wort Apfel im rechten Gesichtsfeld dargeboten, so kann die Split-Brain-Patientin das Wort benennen und den Apfel mit der rechten Hand aus den Objekten hinter dem Bildschirm heraussuchen. Wird die Patientin aufgefordert, mit der linken Hand den dargebotenen Gegenstand zu ertasten, dann wählt sie den Löffel aus.

einer Reihe von anderen Gegenständen herauszusuchen, dann gelang ihnen das ohne Schwierigkeiten. Es scheint also ganz so, als ob unsere beiden Gehirnhälften auch ganz unabhängig voneinander arbeiten können und als ob jede Hälfte ihr eigenes Gehirn hat.

In der normalen, gesunden Verarbeitung tauchen solche Widersprüche zwischen den beiden Gehirnen natürlich nie auf. Trotzdem gibt es manche Funktionen, die in einer Gehirnhälfte zumeist besser durchgeführt werden als andere. Sprache ist aber hierbei das extremste Beispiel. Es sind zwar inzwischen schon viele Verhaltensweisen in der Umgangssprache der linken und der rechten Gehirnhälfte zugeordnet worden. Vom wissenschaftlichen Standpunkt aus sind die meisten Unterschiede allerdings sehr subtil, wenn nicht sogar umstritten.

Neuropsychologie

Entsprechend der Komplexität unseres zentralen Nervensystems sind die Leistungsdefizite und Störungen, die durch Krankheiten, Verletzungen, genetische Veranlagung oder altersbedingte Degeneration auftreten können, sehr vielfältig. Die Diagnostik neuropsychologischer Störungen umfasst daher neben der Überprüfung der elementaren Wahrnehmungsleistungen wie Visus, Tastsinn, Hörschwelle und Motorik auch die Untersuchung höherer Verarbeitungsprozesse. Zur Diagnose z. B. einer zerebralen Sehstörung ist neben den bildgebenden Verfahren (Computer- oder Kernspintomographie) eine gründliche Untersuchung von Sehschärfe, Lichtempfindlichkeit, Gesichtsfeldern sowie komplexer visueller Wahrnehmungsleistungen wie Erkennen und Benennen von Objekten, Kopieren von Vorlagen, Suchaufgaben, Lesen und räumliche Orientierung wichtig. Besonders in den letzten 50 Jahren haben die Kenntnisse der verschiedenen kortikalen Funktionen einzelner Hirnregionen durch die Vielzahl publizierter klinischer Fallberichte und die gleichzeitige Standardisierung neuropsychologischer Untersuchungsverfahren deutlich zugenommen. Durch die häufig unter ähnlichen Fragestellungen durchgeführten neurophysiologischen Tierexperimente ist es heute möglich, bei erworbenen neurologischen Schädigungen anhand der charakteristischen Ausfallserscheinungen und Verhaltensänderungen die Lokalisation der Schädigung mit relativ hoher Wahrscheinlichkeit vorherzusagen.

Die veränderte Wahrnehmung bei neuropsychologischen Erkrankungen ermöglicht Einblicke in die Verarbeitungsprinzipien unseres Gehirns und ist daher ein wichtiges Forschungsgebiet der klinischen Psychologie. Da die Kenntnisse über das visuelle System am genauesten sind, werden wir uns auf Sehstörungen als Folge verschiedener Schädigungen entlang der Verarbeitungsbahn des visuellen Systems konzentrieren.

Zu den häufigsten Sehstörungen gehören Gesichtsfeldausfälle, d. h. ein Erblinden in Bereichen, in denen vorher Reize wahrgenommen werden konnten. Das normale einäugige Gesichtsfeld hat eine Ausdehnung von 50–60 Sehwinkelgrad zur Nase hin, von 70–90 Grad zur Seite hin und eine vertikale Ausdehnung von 50–60 nach oben bzw. 50–70 Sehwinkelgrad nach unten. Das innere binokulare Gesichtsfeld ist die Summe aller Orte, welche von beiden unbewegten Augen gesehen werden. Es hat eine horizontale Ausdehnung von etwa 120 und eine vertikale von 110 Sehgrad (siehe Abb. 8). An das binokulare Gesichtsfeld schließen sich halbmondförmig links und rechts die monokularen temporalen Gesichtsfelder an. Die Größe des in der Fovea centralis abgebildeten Bereichs wird mit 2 Sehwinkelgrad angegeben. In diesem Bereich ist unser visuelles Auflösungs- und Farbunterscheidungsvermögen am größten.

Die genaueste Methode zur Bestimmung der Gesichtsfeldgrenzen und der Lichtempfindlichkeitsprofile ist die statische Perimetrie. Bei dieser Untersuchung wird für jedes Auge getrennt eine Gesichtsfeldkarte erstellt. Dem Probanden werden in einer Hohlhalbkugel kurzfristig Lichtreize an verschiedenen Orten dargeboten. Wenn der Proband einen Reiz wahrgenommen hat, ohne dabei die Augen vom zentralen Fixationskreuz fortzubewegen, wird beim nächsten Test die Lichtintensität des Reizes leicht reduziert. Werden Reize nicht gesehen, wird die Lichtintensität erhöht. Bei dieser Untersuchung ist die Kontrolle der zentralen Fixation Voraussetzung für eine sinnvolle Messung. Durch die geordnete Projektion von der Netzhaut bis in höhere visuelle Areale (Retinotopie) kann trotz der komplizierten Anatomie des Sehsystems aus der Lage, Form und Art eines Gesichtsfeldausfalls auf den Ort der Schädigung geschlossen werden. Ein Bereich, in dem keine visuelle Empfindung mehr möglich ist, wird als Skotom bezeichnet. Monokulare Skotome entstehen durch Schädigungen der Netzhaut und der Sehnerven und liegen immer vor der Sehbahnkreuzung.

Ein Beispiel dafür sind Glaukome, die neben der diabetischen Retinopathie und der altersbedingten Makuladegeneration einer der wichtigsten Gründe für die retinale Visusminderung sind. Beim Glaukom, an dem über 1 Millionen Bundesbürger leiden, kommt es zum Absterben der retinalen Nervenzellen mitsamt ihren Nervenfasern, dem Sehnerv. Die Folge sind Ausfälle im Gesichtsfeld, die bei einem unbehandelten Glaukom immer größer werden und schließlich zum völligen Sehverlust führen. An der Entstehung des Glaukoms sind meist mehrere Faktoren beteiligt. Die wichtigsten Faktoren sind erhöhter Augeninnendruck und gestörte Netzhautdurchblutung. Bei der Glaukomtherapie wird daher versucht, eine Senkung des Augeninnendrucks über eine Herabsetzung der Kammerwasserproduktion und eine Verbesserung des Abflusses sowie eine Förderung der Blut- und Nährstoffversorgung der Netzhaut zu erreichen. Häufig werden Skotome, wenn sie außerhalb des zentralen Sehbereiches liegen, gar nicht bemerkt. Daher ist eine regelmäßige Überprüfung des Augeninnendruckes und der Gesichtsfelder ab dem 40. Lebensjahr sinnvoll.

Schädigungen des Sehsystems hinter dem Chiasma (Tractus opticus, Corpus geniculatum, Sehstrahlung, Sehrinde) verursachen deckungsgleiche (homonyme) Gesichtsfeldausfälle, d. h., sie betreffen die gleiche Seite und Region in beiden Gesichtsfeldern. Durch die Sehnervkreuzung ist bei einer kortikalen Schädigung immer das Gesichtsfeld, welches sich in Bezug auf den Läsionsort auf der gegenüberliegenden (kontralateralen) Seite befindet, betroffen. Bei einem Infarkt im Bereich des linken Okzipitalpols ist daher die Wahrnehmung im rechten zentralen Gesichtsfeld gestört. Werden große Teile der primären Sehrinde einer Hirnhemisphäre verletzt, kann dies bis zu einer halbseitigen Blindheit (Hemianopsie) führen. Bei Patienten mit größeren Gesichtsfeldausfällen wie einer Quadranten- oder einer Hemianopsie kann das Phänomen des Blindsehens beobachtet werden.

Blindsehen bezeichnet die Restleistung von Patienten, nach Verletzungen der primären Sehrinde relativ genau auf visuelle Reize zu zeigen oder nach Objekten zu greifen, auch wenn diese in Gebieten absoluter kortikaler Blindheit präsentiert werden. Da die Patienten diese Reize nicht bewusst wahrnehmen können und nur bei Aufforderung z. B. die Farbe, Bewegungsrichtung und Objektgröße mit überzufälliger Häufigkeit »erraten«, scheinen die visuellen Informationen aus dem blinden Bereich über die nicht zerstörten subkortikalen Strukturen wie dem Corpus geniculatum laterale oder die Colliculi inferiores zu den extrastriären Arealen zu gelangen. Da aber keine bewusste Wahrnehmung der Reize mehr möglich ist, scheint die primäre Sehrinde für die Bewusstwerdung notwendig, aber nicht hinreichend zu sein.

Extrastriäre Schädigungen rufen keine Gesichtsfeldausfälle, sondern selektivere Ausfallserscheinungen hervor, die häufig erst bei komplexeren Aufgaben deutlich werden. Trotz der zahlreichen Forschungsarbeiten sind die Funktionen und Verarbeitungsprinzipien der verschiedenen extrastriären Areale noch nicht ganz geklärt. Die sich an die primäre Sehrinde anschließende Weiterverarbeitung der visuellen Information in den höheren kortikalen Assoziationsgebieten wird grob in einen zum Parietallappen ziehenden Wo-Strom und einen zum Temporallappen ziehenden Was-Strom unterteilt. Die Hauptfunktion des Wo-Stroms ist die Bewegungsanalyse, die Aufmerksamkeits- und Handlungssteuerung und die räumliche Orientierung.

Im Jahre 1973 berichteten der Münchner Neuropsychologe Josef Zihl und seine Kollegen Norbert Mai und Detlev von Cramon in einem erstaunlichen klinischen Befund über eine Patientin, L.M., mit einem selektiven Ausfall der Bewegungswahrnehmung. Nach einer beidseitigen zerebralen parieto-temporalen Durchblutungsstörung konnte L.M. keine Bewegungen mehr wahrnehmen, obwohl ihre Sehschärfe, das Gesichtsfeld, ihr Farbensehen und das Erkennen und Lokalisieren von Objekten unauffällig oder nur wenig verändert waren. Der Ausfall der Bewegungswahrnehmung machte L.M. ein normales Leben unmöglich. Wollte sie eine Straße überqueren, sah sie statt einer kontinuierlichen Größen- und Positionsveränderung der Autos nur noch einzelne Bilder, in denen sich die Autos plötzlich an einem anderen Ort befanden und eine andere Größe besaßen. Daher konnte sie Geschwindigkeiten nicht mehr einschätzen. Auch das Verfolgen bewegter Reizobjekte mit den Augen war bei L.M. völlig gestört. Interessant ist auch, dass sich durch die beidseitigen Läsionen das Erscheinungsbild bewegter Objekte verändert hatte. Beim Einschenken von Kaffee erschien L.M. der Flüssigkeitsstrom wie gefroren. Ein Überlaufen der Tasse konnte, da das kontinuierliche Steigen des Kaffees nicht mehr wahrgenommen wurde, nicht verhindert werden. Ein solches Einfrieren der Bewegung im kontralateralen Gesichtsfeld kann auch beobachtet werden, wenn die Verarbeitung der Bewegungsinformation kurzfristig mit Hilfe von Magnetstimulation → S.99 über einer geeigneten Stelle des Kortex gestört wird (**Vom Neuron zum Bewegungssehen**).

Eine bekannte Auswirkung einseitiger parietaler Schädigungen sind Störungen der Aufmerksamkeit und Orientierung. Unter Aufmerksamkeit werden meist Prozesse verstanden, mit deren Hilfe wir die bewusste Wahrnehmung ausgewählter Reize verstärken und »uninteressanter« Reize reduzieren können. Besonders bei Patienten mit Läsionen des rechten unteren (inferioren) Parietallappens wird häufig beobachtet, dass sie auf sensorische Reize ihrer kontralateralen (linken) Seite nicht reagieren, obwohl keinerlei Ausfälle der peripheren sensorischen Reizaufnahme vorliegen. Derartige Ausfallserscheinungen werden mit Aufmerksamkeitsdefiziten erklärt. Bei durch parietale Läsionen bedingten Aufmerksamkeitsstörungen unterscheidet man drei verschiedene Formen: Extinktion, Neglect und das Bálint-Holmes-Syndrom. Unter Extinktion versteht man das Auslöschen der Wahrnehmung eines Reizes, wenn dieser zusammen mit einem konkurrierenden mehr ipsilateral positionierten Reiz präsentiert wird. Werden mehrere Reizelemente dargeboten, die zusammengenommen aber ein Objekt ergeben, ist die Extinktion deutlich vermindert. Dies bedeutet, dass bei diesen Patienten die Objektgruppierungsprozesse nicht gestört sind und diese vor den Aufmerksamkeitsprozessen stattfinden. Bei Neglect-Patienten ist die sensorische Information der kontraläsionalen Seite noch stärker eingeschränkt. Dies zeigt sich in einer fehlenden Exploration des kontraläsionalen Raumes z.B. mit Augenbewegungen, der Vernachlässigung des linken Gesichtsfelds bei Such- und Ausstreichaufgaben oder beim Kopieren von Vorlagen oder auch in Alltagsleistungen. Bei Patienten mit kontralateralem Neglect sind sowohl die inneren, mentalen Repräsentationen von aktuell dargebotenen Reizen als auch von gespeicherten sensorischen Eindrücken gestört. Wenn in beiden Hemisphären der parietookzipitale Kortex zerstört ist, kommt es zu dem von Bálint und Holmes zu Beginn des 20. Jahrhunderts beschriebenen Syndrom (Bálint-Holmes-Syndrom). Diese Patienten weisen eine massive Störung der Orientierung im gesamten Raum auf, wie die fehlerhaften Blick- und Greifbewegungen zeigen. Der Blick ist häufig fixiert (optische Ataxie), und Patienten haben große Schwierigkeiten, mehr als ein Objekt wahrzunehmen (Simultanagnosie). Für alle drei Patientengruppen konnte gezeigt werden, dass noch relativ normale Gruppierungsprozesse bei der Objektwahrnehmung möglich waren, ebenso wie die **unbewusste Wahrnehmung** von Reizen über den temporalen Pfad.

→S.80

Auch wenn keine Aufmerksamkeitsdefizite auftreten, können räumlich-perzeptive Leistungen gestört sein. Besonders nach rechtsseitigen parietookzipitalen Schädigungen kann es auch zu Störungen der visuellen Raumorientierung kommen. Je nach Lage der Läsion kann dies mehr die Geometrie des Raumes, die Distanz zu Objekten oder aber z. B. die Wahrnehmung der Raumachsen und der Orientierung betreffen. Räumliche Orientierungsstörungen können aber auch nach subkortikalen Läsionen auftreten. Bei einer Läsion des Hippocampus liegt vermutlich eine gestörte Aktualisierung der eigenen Raumposition vor. Die hier aufgeführten, durch parietale Schädigungen verursachten Wahrnehmungsdefizite unterstützen die Annahme, dass der dorsale Verarbeitungspfad auf verschiedene visuellräumliche Wahrnehmungsleistungen spezialisiert ist.

Für den ventralen Verarbeitungsstrom wird eine Spezialisierung auf die Analyse von visuellen Merkmalen wie Form, Farbe und Muster angenommen. Für das Erkennen eines Objektes sind verschiedene Prozesse notwendig, die in verschiedene Phasen eingeteilt werden. In der ersten sogenannten perzeptiven Phase der Objekterkennung wird aus der Fülle der visuellen Informationen die jeweils relevante extrahiert und von der Umgebung unterschieden. Für diese Extraktionsprozesse, die erst ein Erkennen eines Objektes in seiner Umgebung möglich machen, werden Unterschiede des lokalen Kontrastes, der Farbe, der Struktur und des Musters genutzt. Ein weiterer Hinweis zur Abgrenzung des Objektes ist z. B. die Kontinuität der Kontur oder des Umrisses. In der sich anschließenden semantischen Phase wird eine Verbindung zwischen der visuellen Information und dem semantischen Gedächtnis hergestellt, die schließlich in der lexikalischen Phase zur Benennung des erkannten Objektes führt. Ist die Erkennungsleistung bei erhaltenen elementaren Sehfunktionen gestört, spricht man von einer Agnosie. Je nach Sinnesmodalität unterscheidet man eine visuelle, akustische und taktile Agnosie. Um auszuschließen, dass die gestörte Erkennungsleistung bedingt ist z. B. durch eingeschränkte Sehfunktionen wie Visusminderung oder größere Gesichtsfeldausfälle, ist bei diesen Patienten eine genaue Untersuchung der Elementarfunktionen notwendig. Lissauer unterschied bereits im Jahr 1890 bei der Objekterkennung zwischen einer apperzeptiven Phase, in welcher durch die Integration der visuellen Merkmale wie Farbe, Form und Kontrast ein Objekt entsteht, und einer assoziativen Phase, in welcher es durch Integration der Informationen aus anderen Sinnesmodalitäten zum Erkennen des Objektes kommt.

Patienten mit einer apperzeptiven visuellen Agnosie können meist nur noch die Grundform eines Objektes und gleichzeitig nur noch ein Objekt wahrnehmen. Da diese Patienten Schwierigkeiten haben, die wesentlichen Merkmale eines Objektes zu extrahieren, können sie dasselbe Objekt nicht aus verschiedenen Blickwinkeln wiedererkennen. Ein bekanntes Beispiel für die schwerste Form der apperzeptiven Agnosie, die Formagnosie, ist die von David Milner und Melvyn Goodale untersuchte Patientin D. F. Diese Patientin konnte nach einer Kohlenmonoxid-Vergiftung (toxische und anoxische Hirnschäden sind typisch für Formagnosien) keinerlei Objekte mehr erkennen, aber noch korrekt nach Objekten greifen.

Bei Patienten mit einer assoziativen Agnosie ist die Benennung der Objekte und die Verbindung zum Wissen über den Verwendungszweck des Objektes gestört. Wenn die Patienten Objekte nachzeichnen oder nach groben Kategorien (z. B. Tier / Pflanze) sortieren sollen, haben sie keine Schwierigkeiten. Da die Patienten die Objekte benennen können, wenn sie sie abtasten oder auditive Informationen wie typische Laute bekommen, scheint die Störung durch eine Unterbrechung der Verbindung der visuellen Information zu dem Wernicke-Sprachzentrum und dem semantischen Gedächtnis bedingt zu sein.

Manche Patienten zeigen sehr spezifische Störungen der Erkennungs- und Unterscheidungsleistung, die nur eine bestimmte Reizkategorie betrifft wie z. B. Gesichter, Tiere oder Fahrzeuge. Am bekanntesten ist die Gesichtserkennungsstörung, die Prosopagnosie. Das Erkennen individueller Gesichter und deren Mimik ist biologisch gesehen sehr wichtig und stellt besonders hohe Ansprüche an die Integration verschiedenster Form- und Strukturmerkmale. Sie funktioniert sehr zuverlässig und schnell auch bei Tieren. Im inferioren temporalen Kortex von Affen wurden Neurone gefunden, die selektiv auf die Gesamtkonfiguration eines Gesichtes unabhängig von seiner Position antworten. Beim Menschen scheint das auf die Gesichtserkennung spezialisierte Areal im Gyrus fusiformis zu liegen. Patienten mit einer Hirnschädigung in dieser Region haben Schwierigkeiten, selbst ihre nächsten Verwandten oder sich selbst zu erkennen oder neue Gesichter erkennen zu lernen. Im alltäglichen Leben helfen meistens Hinweise wie die Stimme, Kleidungsstücke oder die Gangart. Dies zeigt, dass diese Reize unverändert wahrgenommen werden können und bei der reinen Prosopagnosie tatsächlich nur die auf die Gesichtserkennung spezialisierte Region betroffen ist.

Eine andere Veränderung, die ebenfalls bei Läsionen im Bereich des Gyrus fusiformis auftreten kann, ist eine Störung der Farbwahrnehmung und -unterscheidung, die meist von homonymen Gesichtsfeldausfällen begleitet ist. Bei unilateralen Schädigungen kann es zu einem selektiven Verlust des Farbensehens kommen, welches sich bei der Perimetrie als homonyme Farbgesichtsfeldausfälle, eine Hemi- oder untere Quadratenanopsie zeigt, ohne dass der Licht- oder der Formsinn in diesem Bereich betroffen ist. Der Grund für den Ausfall ist die enge topographische Beziehung zwischen dem unteren

Anteil der Sehstrahlung und den okzipito-temporalen Gyri. Da bei unilateralen Läsionen die Farbempfindung des fovealen Bereichs nicht oder geringer verändert ist, wird von den Patienten die in einem Quadranten oder Halbfeld gestörte Farbempfindung selten bemerkt. Betrachten diese Patienten aufmerksam eine farbige Fläche, fällt manchen auf, dass ihnen die Farben im betroffenen Gesichtsfeld ausgewaschener, stumpf und weniger intensiv erscheinen. Zu einer kompletten zerebralen Achromatopsie kann es nach bilateralen Läsionen im Bereich der medialen und lateralen okzipito-temporalen Gyri kommen, die auch die Fovea mit einschließt. Bei fast allen Patienten mit bilateralen Läsionen ist die visuelle Wahrnehmung im erheblichen Maße durch große Skotome und homonyme Gesichtsfeldausfälle eingeschränkt und erschwert die Durchführung von Farbwahrnehmungstests. Charakteristische Störungen sind ein reduziertes Vermögen, Farben zu unterscheiden und zu kategorisieren, neben einer gestörten Kontrastempfindlichkeit und Prosopagnosie. Patienten mit bilateralen Läsionen berichten, dass die Farben dunkel, stumpf, fahl oder schmutzig erscheinen und die Welt grau, nebelig und düster wirkt.

Eine gänzlich andere Form der absoluten Farbblindheit, bei der die sichtbare Welt tatsächlich nur aus Grautönen besteht, tritt bei Fehlentwicklungen der Zapfen auf. Da durch die genetisch bedingte Erkrankung, die Stäbchenmonochromasie, nur noch die Stäbchen funktionieren, ist das Sehvermögen dieser Patienten durch ein zentrales Skotom (keine Fovea), durch eine geringe zeitliche und räumliche Auflösung und eine extrem hohe Lichtempfindlichkeit gekennzeichnet.

Vom Neuron zum Bewegungssehen

Das Bewegungssehen spielt in der Erforschung der Wahrnehmung eine ganz besondere Rolle. In diesem Bereich ist es gelungen, einen kortikalen neuronalen Schaltkreis zu charakterisieren, dessen Eigenschaften sehr gut in Einklang stehen mit einer Fülle von Verhaltensexperimenten. Darüber hinaus konnte der amerikanische Neurobiologe William Newsome mit seinen Kollegen zeigen, welche Neurone im Gehirn dafür verantwortlich sind, in welche Richtung die Bewegung eines Reizes gesehen wird.

Schon im Jahre 1953 haben die deutschen Biologen Werner Reichhardt und Bernhard Hassenstein einen Schaltkreis für einen Bewegungsdetektor vorgeschlagen. Der Detektor basiert auf der einfachen Idee, dass Bewegung eine Positionsänderung vom Ort A zum Ort B darstellt, die innerhalb einer gewissen Zeit t stattfindet. Ein Neuron N_C erhält Eingänge von zwei Neuronen N_A und N_B, deren rezeptive Felder an den Orten A und B liegen. Die Leitung von N_B nach N_C ist aber um eine kurze Zeit verzögert, nämlich t, und das Neuron N_C feuert nur dann, wenn auf beiden Leitungen gleichzeitig ein Signal ankommt: Es multipliziert sozusagen die Eingangssignale. Das Neuron N_C wird also immer dann feuern, wenn Neuron N_B gereizt wird, und kurze Zeit t später auch Neuron N_A. Neuron N_C ist somit ein Detektor für Bewegung von B nach A. Der sogenannte Reichardt-Detektor entstand ursprünglich als ein Modell für das Bewegungssehen der Fliege. Mit einigen Erweiterungen kann dieser einfache Detektor aber auch eine Fülle von Daten aus Experimenten zur menschlichen Bewegungswahrnehmung sehr gut vorhersagen.

Um 1970 herum wurde dann entdeckt, dass es beim Affen ein Areal gibt, V5 oder MT genannt, das überwiegend Neurone enthält, die empfindlich für die Bewegungsrichtung der Reize sind, ähnlich den →S. 90 modellierten Reichardt-Detektoren. Der Fall der Patientin L. M. (**Neuropsychologie**) schien auch zu belegen, dass das Areal MT auch beim Menschen sehr wichtig für die Bewegungswahrnehmung ist. Allerdings gab es keinen richtigen Beweis dafür bei einem gesunden Sehsystem. Läsionen des Areals MT bei Affen führten zwar zu einer kurzfristigen Verschlechterung des Bewegungssehens, aber die Affen wiesen innerhalb einer Woche wieder eine normale Funktionstüchtigkeit ihrer Wahrnehmung auf. Die Plastizität des Gehirns ermöglichte in diesem Fall eine andere Weise, Bewegung wahrzunehmen.

Dies zeigt generell die Schwierigkeit, aus Einzelzellableitungen Rückschlüsse darüber zu ziehen, welche Regionen im Gehirn wichtig für bestimmte Wahrnehmungsleistungen sind. Es gilt zwar, dass alles, was wir sehen, irgendwo im Gehirn verarbeitet wird. Die Umkehr ist allerdings nicht unbedingt wahr. Nicht alles, was die zahllosen Neurone unseres Gehirns prozessieren, führt auch zu einer Wahrnehmung. Aus diesem Grund sind die Experimente von William Newsome und seinen Kollegen von immenser Bedeutung. Newsome etablierte zunächst eine Methode zur Messung der Bewegungsempfindlichkeit. Dazu wurden Lichtpunkte dargeboten, von denen sich nur ein bestimmter Prozentsatz kohärent in die gleiche Richtung bewegte. Bewegen sich alle Punkte kohärent (100 %), dann sieht man eindeutig eine Bewegung in eine bestimmte Richtung. Besteht gar keine Kohärenz (0 %), sieht man nur Rauschen. Ab einem gewissen Kohärenzgrad aber, um die 10 %, sieht ein Beobachter in 75 % der Darbietungen die Bewegung in die richtige Richtung.

Newsome führte dann an wachen Affen, die durch Augenbewegungen dem Versuchsleiter die Bewegungsrichtung zu erkennen gaben, Messungen durch. Gleichzeitig wurde die elektrische Aktivität von einzelnen Zellen in der Area MT abgeleitet. Aus der Aktivität der einzelnen Zellen konnte Newsome dann mittels mathematischer Verfahren den Kohärenzgrad bestimmen, bei dem man nur auf Grund der Antworten der Zelle die richtige Bewegungsrichtung ebenfalls für 75 % der Versuchsdurchgänge mathematisch vorhersagen konnte. Viele Neurone hatten die gleiche Bewegungsempfindlichkeit wie der gesamte Organismus. Es gab aber auch Neurone, die schlechter, und andere, die besser waren. Warum geben dann nicht die »besseren« Zellen für die Bewegungseinschätzung des Affen den Ausschlag?

Das Problem ist, dass die dem Areal MT nachgeschaltete Instanz keine Information darüber hat, welche Neurone eine hohe und welche eine niedrige Empfindlichkeit aufweisen. Daher wird über eine größere Anzahl Neurone, vermutlich mehrere hundert, gemittelt. Der Beobachter erreicht dann eine Empfindlichkeit, die mit der mittleren Empfindlichkeit der einzelnen Neurone übereinstimmt.

Dies ist aber noch immer kein Beweis dafür, dass MT tatsächlich zu den Entscheidungen des Affen beiträgt. Den haben Newsome und Kollegen aber in weiteren Experimenten erbracht. Voraussetzung für diese Experimente war, dass die Bewegungsrichtung im Areal MT systematisch angeordnet ist. Neurone, die nebeneinanderliegen, repräsentieren meist auch die gleiche Bewegungsrichtung, ähnlich zu den Orientierungssäulen in V1. Wenn man nun Strom in eine solche Richtungssäule injiziert in genau dem Ausmaß, als ob die stimulierten Neurone ganz viele Aktionspotentiale abgeben würden, dann sollte die Aktivität die gleiche sein, als ob ein Reiz mit hohem Kohärenzgrad diese Neurone stimulieren würde. In der Tat war es so, dass diese »Mikrostimulation« dazu führte, dass die Affen ihre Entscheidungen so trafen, als ob ein dem zugeführten Strom äquivalenter visueller Reiz dargeboten worden wäre. Damit ist ganz klar und eindeutig gezeigt, dass die Neurone im Areal MT für die Wahrnehmung der Bewegungsrichtung von ganz entscheidender Bedeutung sind.

Die Gene für das Farbensehen

Während die Doktrin der Neurowissenschaften es verlangt, Verhalten möglichst auf die Aktivität einzelner Neurone zurückzuführen, ist man bei der Wahrnehmung von Farbe schon einen Schritt weiter – allerdings nur was die periphere Verarbeitung der Farbe im Auge betrifft. Hier wurden bereits die genetischen Grundlagen für die Ausprägung der Sehfarbstoffe in den drei verschiedenen Zapfentypen des Auges nachgewiesen.

Wie schon in Abbildung 11 dargestellt, sind die Absorptionsspektren für die Rot- und Grünzapfen sehr ähnlich. Die Absorptionsgipfel sind nur um 30 Nanometer verschoben. Dies hat evolutionäre Gründe: Diese zwei Zapfentypen sind erst vor entwicklungsgeschichtlich relativ kurzer Zeit aus einem gemeinsamen Urzapfen entstanden. Die Absorption der Zapfen hängt von ihrem Sehfarbstoff ab, dessen Proteine genetisch bestimmt sind.

Dem amerikanischen Genetiker Jeremy Nathans und seinen Mitarbeitern ist es gelungen, die Gene zu identifizieren, die die Ausbildung dieser Proteine kodieren. Die Proteine sind eine lange Sequenz aus kleineren chemischen Bestandteilen, den Aminosäuren. Welche Aminosäuren zu einem Protein aufgefaltet werden, wird wiederum von den Genen bestimmt. Nathans konnte zeigen, dass sich die Aminosäuresequenzen für das Rot- und das Grünpigment nur an 15 von 364 Stellen unterscheiden. Das sind weniger als 2 %. Daher sind Rot- und Grünzapfen nicht nur in ihrem Absorptionsspektrum so ähnlich. Auch morphologisch lassen sie sich nicht unterscheiden, und lange war nicht bekannt, wie viele Rot- und wie viele Grünzapfen in der menschlichen Netzhaut vorhanden sind.

Erst vor einigen Jahren ist es dem amerikanischen Psychologen und Optiker David Williams durch die Kombination modernster optischer Apparaturen und psychophysischer Methoden gelungen, Bilder vom lebenden Auge zu erstellen, in denen Rot- und Grünzapfen markiert werden konnten. Das Ergebnis war etwas enttäuschend. Der relative Anteil von Rot- und Grünzapfen ist extrem variabel von Person zu Person und liegt zwischen 0,5:1 und 10:1. Ganz unabhängig von diesem relativen Anteil stellten aber alle Personen die gleiche Mischung aus Rot und Grün zu Gelb ein. Es scheint so zu sein, dass dieser Anteil der Rot- und Grünzapfen mehr oder weniger zufällig ist, dass aber das visuelle System auf der nächsten Verarbeitungsebene, den Gegenfarbkanälen, diese Zufallseinflüsse wieder korrigiert.

Neben solchen zufälligen Schwankungen gibt es aber auch Fälle, in denen die Rot- oder Grünzapfen völlig fehlen, oder aber einen »falschen« Sehfarbstoff enthalten, der noch näher am anderen Zapfentyp liegt und somit für das Farbensehen nahezu unbrauchbar ist. Dies passiert fast ausschließlich bei Männern, denn die Gene für die Rot- und Grünpigmente befinden sich auf dem X-Chromosom, von dem die Männer ja nur eines besitzen. Ca. 2 % aller Männer sind rotgrünblind, und weitere 4−6 % weisen eine Rotgrünschwäche auf. Interessanterweise wird eine solche Farbenblindheit oftmals erst sehr spät oder nur zufällig bemerkt. Der entscheidende evolutionäre Vorteil, der sich aus dem dritten Zapfentyp ergibt, ist noch weitgehend unklar.

Allerdings zeigt die genetische Analyse, dass sich Rot- und Grünzapfen vor ungefähr 35 Millionen Jahren durch genetische Mutation von einem gemeinsamen Urzapfen auseinanderentwickelt haben. Des Weiteren sind Affen in Südamerika meist rotgrünblind, während die meisten afrikanischen Affen drei Zapfentypen besitzen. Die Kontinentalverschiebung zwischen Afrika und Amerika fand in etwa zu dem gleichen Zeitpunkt vor 35 Millionen Jahren statt. Es gibt viele interessante Spekulationen darüber, warum denn der dritte Zapfentyp so wichtig war, z. B. dass dadurch die Unterscheidung zwischen roten reifen Früchten und grünen Blättern möglich wurde: Die Ernährung durch Blätter erfordert wesentlich mehr Stoffwechselenergie. Die Früchte lassen sich leichter verdauen, so dass die frei gewordene Energie dazu benutzt werden konnte, das Gehirn zu vergrößern. Nach dieser gewagten Spekulation hätten wir also dem Farbensehen die Herausbildung des Homo sapiens zu verdanken. Wie dem auch sei, Tatsache ist, dass unter den Säugetieren nur die Primaten drei Zapfentypen aufweisen. Andere Säuger, wie z. B. Hunde oder Kühe, haben nur zwei Zapfentypen und sind damit rotgrünblind. Nicht nur die Kühe, sondern auch die Stiere, die also ganz genau so auf ein helles grünes Tuch reagieren würden.

Visuelles Gedächtnis

Wahrnehmungsinhalte gehen nicht sofort verloren, sobald die Wahrnehmung eines bestimmten Bildes beendet ist, sondern verbleiben für kürzere oder längere Zeit im visuellen Gedächtnis. Diese visuellen Erinnerungen können für Wahrnehmungsprozesse und die Verhaltenssteuerung, aber auch für die Vorstellung von Objekten genutzt werden.

Das visuelle Gedächtnis besteht aus mehreren Gedächtnissystemen mit unterschiedlichen Eigenschaften und lässt sich in drei Hauptkomponenten gliedern: Im ikonischen Gedächtnis können für sehr begrenzte Zeit (im Allgemeinen kürzer als eine Sekunde) relativ große Informationsmengen gespeichert werden, die jedoch sehr schnell verblassen oder durch nachfolgende Informationen verdrängt werden. Im visuellen Kurzzeitgedächtnis werden Informationen für Minutenbruchteile gespeichert. Dauerhafter wird die Information im visuellen Langzeitgedächtnis niedergelegt, wo sie zum Teil noch nach Jahren abgerufen werden kann. Hier befinden sich unter anderem visuelle Repräsentationen, die wir benutzen, um wahrgenommene Objekte zu kategorisieren. Der Einsatz der Gedächtnissysteme erfolgt entsprechend der jeweiligen Situation.

In einem Experiment der Wissenschaftlerin Mary Hayhoe sollten die Versuchspersonen ein vorgegebenes Muster aus verschiedenfarbigen, rechteckigen Flächen nachbauen. Im linken oberen Bereich eines Computermonitors befand sich die nachzubauende Vorlage, rechts daneben ein Feld mit verschiedenen »Bausteinen«, die mit Hilfe der Maus bewegt werden konnten. Im linken unteren Bereich sollte die Vorlage rekonstruiert werden. Während des Bauvorgangs wurden die Augenbewegungen registriert. Typischerweise blickte die Versuchsperson zuerst von der »Baustelle« zur Vorlage und von dort zum »Materiallager«, während sich die Maus zu den Bausteinen bewegte. Dann blickte sie nochmals zurück auf die Vorlage und anschließend auf die Stelle, wo sie den neuen Baustein einfügte. Die Versuchspersonen speicherten das Bild der Vorlage also nicht längerfristig im visuellen Gedächtnis, um es dauerhaft präsent zu haben, sondern sie benutzten Augenbewegungen und das Kurzzeitgedächtnis. Durch den ständigen Vergleich kann auf den aufwendigen Aufbau von Langzeitinformation verzichtet und schneller auf Veränderungen reagiert werden.

Ein großer Teil der zur Orientierung in der Umwelt notwendigen visuellen Information muss also nicht über längere Zeit im Gehirn abgespeichert werden. Die Umwelt selbst kann hier als der »Bildspeicher« dienen, auf den je nach Bedarf zugegriffen werden kann. Die Zeiträume zwischen diesen Zugriffen können wir mit Hilfe unseres visuellen Kurzzeitgedächtnisses überbrücken. Um uns in unserer Umwelt orientieren zu können, müssen wir allerdings das Wahrgenommene auch in bestimmte Objektkategorien einordnen können. Die im visuellen Langzeitgedächtnis gespeicherte Information versetzt uns in die Lage, bekannte Objekte schnell zu identifizieren.

Betreten wir einen uns bekannten Raum, so haben wir in kürzester Zeit den Eindruck, ihn vollständig erfasst zu haben. Das visuelle Gedächtnis hilft uns, schon aus wenigen Sinnesdaten eine vollständige Gestalt zu rekonstruieren, indem die Lücken mit schon gespeicherten Inhalten aufgefüllt werden. Die Rekonstruktion des Gesamtbildes aus wenigen Eckdaten kann jedoch auch zu Fehlleistungen führen. So kann es beispielsweise geschehen, dass selbst größere Veränderungen in einer Gesamtszene nicht oder erst nach längerer, genauer Analyse wahrgenommen werden. Dieses Phänomen wird als *change blindness* bezeichnet.

Das rekonstruierte Bild der Umwelt beruht zu einem großen Teil auf Annahmen über die Beschaffenheit dieser Umwelt. Nur ein bestimmter Ausschnitt dieser Umwelt ist tatsächlich in unserem visuellen System repräsentiert. Experimente zur visuellen Aufmerksamkeit liefern weitere Beweise dafür, dass unsere Repräsentation der visuellen Umwelt vielleicht gar nicht so umfassend und naturgetreu ist, wie es uns erscheint.

Um etwas in unserer Umgebung genau wahrzunehmen, müssen wir uns darauf konzentrieren. Die Aufmerksamkeit, die nötig ist, um detaillierte Informationen zu erfassen, ist jedoch eine streng begrenzte Ressource. Das *spotlight of attention* kann nur selektiv auf bestimmte Bereiche gerichtet werden. Wir erkennen nur die Dinge, auf die unser Blick gerade fällt. Aber auch wenn unsere Augen auf einen bestimmten Punkt fixiert sind, verarbeitet das visuelle System nicht einfach alle in diesem Bild zur Verfügung stehenden Informationen. Vielmehr kann die Aufmerksamkeit zu unterschiedlichen Zeitpunkten auf unterschiedliche Aspekte desselben Bildes gerichtet werden. Wir können unsere Aufmerksamkeit entweder global auf die gesamte Szene verteilen oder auf die Wahrnehmung bestimmter Objekte oder Objekteigenschaften beschränken. Bei Konzentration auf bestimmte Aspekte einer Szene werden ansonsten sehr auffällige Veränderungen in der Szene zum Teil überhaupt nicht bemerkt (*attentional blindness*). Dieses Phänomen wurde zuerst von Ulrich Neisser in den sechziger Jahren des letzten Jahrhunderts beschrieben. In den vergangenen Jahren haben Daniel Simons und seine Kollegen einige beeindruckende Demonstrationen konzipiert, bei denen Versuchspersonen auch dramatische Ereignisse nicht bemerken, solange ihre Aufmerksamkeit nicht darauf gelenkt wird.

Die Steuerung von Aufmerksamkeitsprozessen geschieht über Feedback-Verbindungen. Informationen, welche bestimmte Aspekte oder Bereiche einer wahrgenommenen Szene betreffen, können über Top-down-Prozesse selektiv verstärkt werden, während andere Informationen ausgefiltert werden. Diese Verstärkung kann entweder ein Merkmal betreffen (»rot«) oder eine Position im Gesichtsfeld.

Unsere Aufmerksamkeit können wir aber nicht nur auf die Wahrnehmung der uns umgebenden Welt richten. Wir sind in der Lage, uns auch Dinge, die wir nicht sehen, bildlich vorzustellen und mit

Hilfe eines »geistigen Auges« zu betrachten. Aus dem Gedächtnis können Bilder von Objekten abgerufen und visualisiert werden. Diese vorgestellten Bilder sind allerdings meist undeutlicher und weniger detailliert als die Wahrnehmung.

Vermutlich liegt bildlichen Vorstellungen eine sogenannte Top-down-Aktivierung visueller Hirnareale zugrunde. Das heißt, der Informationsfluss verläuft bei bildhafter Vorstellung umgekehrt zur normalen visuellen Wahrnehmung.

Zumindest ein Teil unserer visuellen kortikalen Areale wird sowohl für die bildhafte Vorstellung als auch für die normale visuelle Wahrnehmung genutzt. In beiden Fällen verfügen diese Areale bezüglich spezifischer Informationen (z. B. Farbe, Form, räumliche Orientierung usw.) über dieselben repräsentationalen Funktionen. Einige der in die Erzeugung mentaler Bilder involvierten Areale sind anscheinend räumlich-kartographisch organisiert. Das bedeutet, dass hier einzelne Bildpunkte entsprechend ihrer verhältnismäßigen Entfernung zueinander abgebildet bzw. repräsentiert werden.

Auf eine mehr bildähnliche, räumliche (analoge) Natur der Repräsentation, im Unterschied zu einer eher sprachähnlichen (propositionalen), weisen auch Experimente von Steve Kosslyn hin. Die Versuchspersonen mussten sich das Bild eines Objekts, z. B. eines Bootes oder einer Insel, einprägen und anschließend bildlich vorstellen. Dann sollte die Versuchsperson einen bestimmten Teil des vorgestellten Objekts fokussieren, woraufhin sie aufgefordert wurde, einen anderen Teil des imaginierten Objekts im mentalen Bild zu suchen. Die Dauer der Suche benötigt umso mehr Zeit, je weiter das gesuchte Objekt vom Ausgangspunkt der Suche entfernt ist. In anderen Versuchen wurden Personen aufgefordert, sich einen Gegenstand, einen Buchstaben oder ein Tier, einmal groß und einmal klein beziehungsweise in geringer und großer Entfernung vorzustellen. Die Hirnaktivität in den topographisch organisierten Arealen des okzipitalen visuellen Kortex während der Visualisierung entspricht derjenigen während des Betrachtens realer Objekte entsprechender Größe. Bei einer Patientin, der ein Teil des okzipitalen Kortex entfernt werden musste, zeigte sich eine Verringerung der maximal visualisierbaren Größe eines bestimmten Gegenstandes in verhältnismäßiger Übereinstimmung mit der Verringerung der kortikalen Areale.

Auf die Existenz spezifischer Mechanismen zur Erzeugung mentaler Bilder weisen Untersuchungen an hirngeschädigten Patienten hin, die eine Trennung von Wahrnehmung und Vorstellung sowie eine Lokalisation im linken tempero-okzipitalen Bereich zeigen.

Nach einem Modell von Kosslyn könnten aus – im visuellen Langzeitgedächtnis in analoger und propositionaler Form gespeicherten – Repräsentationen in einem visuellen Puffer (eventuell identisch mit dem visuellen Kurzzeitgedächtnis) bildhafte Vorstellungen als analoge Kurzzeitrepräsentationen generiert werden. Die Bildverarbeitung könnte mit Hilfe von ebenfalls im Langzeitgedächtnis abgespeicherten Routineoperationen durchgeführt werden.

Lärm

Robert Koch, der Entdecker des Tuberkuloseerregers, prophezeite am Ende des 19. Jahrhunderts: »Die Seuche der Zukunft wird der Lärm sein, und die Menschheit wird den Lärm eines Tages ebenso erbittert bekämpfen müssen wie die Pest oder Cholera.« Pest und Cholera sind weitgehend besiegt. Ein Leben ohne Lärm wird es für die meisten Menschen nicht mehr geben. Wir sind auf dem besten Wege, vor dem Phänomen Lärm zu kapitulieren. Vom Philosophen Immanuel Kant ist überliefert, dass er einen Hahn in seiner Nachbarschaft kaufte und anschließend verspeiste, weil ihn dessen Krähen regelmäßig bei der Arbeit gestört hatte. Heute sind wir überwiegend Maschinenlärm ausgesetzt. Den Rasenmäher des Nachbarn kann man leider nicht verspeisen! Schopenhauer beschwerte sich über »das wahrhaft infernale Peitschengeklatsche in den hallenden Gassen der

Städte« und sagte, er »möchte wissen, wie viele schöne und große Gedanken diese Peitschen schon aus der Welt geknallt haben«.

Lärm ist inzwischen zur Hauptbelastung des Menschen durch die Umwelt geworden. Nach einer neueren Umfrage fühlen sich 80 % der Bevölkerung durch Lärm belästigt.

Lärm wird oft als »akustischer Abfall« bezeichnet. Aber das hilft kaum weiter. Lärm muss nicht immer laut sein, und nicht alles, was laut ist, ist auch Lärm. Eine allgemein akzeptierte Definition sagt, dass Lärm Schall ist, der belästigt oder die Gesundheit schädigt. Je größer die Lautstärke eines Schalls, desto eher wirkt er belästigend, und bei einer Lautstärke, die das Gehör schädigt, ist Schall immer Lärm. Andere physikalische Eigenschaften haben nur einen begrenzten Einfluss darauf, ob Schall zu Lärm wird. So sind auf- und abschwellende Lautstärken oder Tonhöhen lästiger als gleichförmige Geräusche. Tonhöhen über 1500 Hz sind störender als niedrige Frequenzen. Reine Sinustöne sind lästiger als komplexer Schall. Auch das zeitliche Muster spielt eine gewisse Rolle: Periodisch auftretende Geräusche stören besonders stark. Jeder kennt das lästige Geräusch eines tropfenden Wasserhahns. Schlimmer noch sind die Ballgeräusche eines benachbarten Tennisplatzes, die einen zur Weißglut treiben können. Schall, dessen Ursache und Entstehungsort nicht erkennbar ist oder dessen Ausgangsort ständig wechselt, wirkt störender als Schall einer bekannten und konstanten Quelle, auf die das Gehör sich besser einstellen kann.

Vieles, was Schall zu Lärm macht, lässt sich nicht in Hertz (Hz) und Dezibel (dB) ausdrücken. Mehr als die physikalischen Parameter des Schalls spielen psychologische Bedingungen der Situation und Eigenschaften der Betroffenen eine Rolle. Derselbe Schall kann von einer Person als unerträglicher Lärm und von einer anderen Person als ausgesprochen erwünscht empfunden werden. Da ist in erster Linie die Einstellung zur Schallquelle zu nennen: Während der Berliner Luftbrücke wurden Überflüge im Minutenabstand nicht als Lärm empfunden! Die positive Einstellung zu den Helfern in der Not verhinderte dies. Auch fühlen sich Personen, die an einem Flughafen ihr Geld verdienen, weniger durch Fluglärm belästigt als solche, die keine positive Einstellung zur Lärmquelle haben.

Das Wissen um die inhaltliche Bedeutung eines Schalls wirkt sich oft (aber nicht immer) positiv auf die Einstellung aus. Als Beispiele sei hier das laute Martinshorn des Krankenwagens oder das Läuten von Glocken genannt. Stimmengeräusche wirken störender, wenn der Inhalt nicht erfasst werden kann. Schall, der selbst erzeugt wird oder in unmittelbarer Beziehung zur eigenen Aktivität steht, wird grundsätzlich toleriert (»Lärm machen immer nur die anderen!«). Das gilt für den Motorradfahrer, der seine Runden um den Häuserblock dreht, für die Besucher einer Diskothek oder für die Freunde der Hausmusik. Je größer dagegen der Schall in Diskrepanz zur eigenen Aktivität steht, desto störender wirkt er. Das Extrem stellt hier Lärm während des (nicht gefundenen) Schlafs dar.

Ein weiterer wichtiger Faktor, der sich stark auf den Grad der Störung auswirkt, ist die Vermeidbarkeit. Ein Gewitter ist zwar laut, aber objektiv unvermeidbar und wird daher kaum als Lärm empfunden. Das Gleiche gilt für Meeresbrandung, Wasserfälle oder laute Windgeräusche. Untersuchungen über häuslichen Lärm zeigen, dass bei gleicher Häufigkeit und Lautstärke das Knallen von Türen belästigender als die Wasserspülung der Toilette wirkt. Der Bahn wird bei der Planung neuer Strecken aufgrund der Ergebnisse früherer Untersuchungen ein »Schienenbonus« von 5 dB eingeräumt, was nicht ganz unumstritten ist. Begründet wird diese bevorzugte Behandlung u. a. mit längeren Geräuschpausen, dem Auftreten des Lärms nach Fahrplan (was eine bessere Gewöhnung zur Folge hat) und dem gleichförmigeren Geräuschcharakter. Wichtig ist aber vermutlich auch, dass Schienenverkehr unvermeidbarer erscheint als Straßenverkehr.

Ob Schall den Charakter von Lärm annimmt, hängt also überwiegend von den psychologischen Faktoren »Einstellung zur Schallquelle«, »Bezug zur eigenen Aktivität« und »Vermeidbarkeit« ab. Störung der Kommunikation (dazu gehört auch das Überhören des Telefonsignals) ist ein weiterer Negativfaktor, der Schall zu Lärm macht. Die häufigsten Lärmarten sind Straßenverkehrs-, Schienenverkehrs- und Luftverkehrslärm. Weitere typische Lärmarten sind Industrie- und Gewerbelärm, Baulärm, Nachbarschaftslärm sowie Sport- und Freizeitlärm.

Da Lärm ein sehr subjektives Phänomen ist, kann man ihn nicht unmittelbar messen. Mit einem Mikrofon messbar ist lediglich der Schalldruck, der an einem bestimmten Ort zu einer bestimmten Zeit vorhanden ist. Bei der Messung von dB-Werten wird dann ein Frequenzfilter hinter das Mikrofon geschaltet, der so ausgelegt ist, dass er die Empfindlichkeit des menschlichen Gehörs annähernd nachbildet (siehe Abb. 13). Da die Frequenzbewertung des Schalls durch das menschliche Ohr sehr stark vom Intensitätsbereich abhängt, hat man die vier Filter A bis D definiert. dB(A), dB(B), dB(C) und dB(D) stehen somit als grobe Näherungen für das subjektive frequenzabhängige Empfinden in verschiedenen Intensitätsbereichen. Von diesen vier Filtern wird heute nur noch der Typ A verwendet, obwohl gerade er für den untersten Dynamikbereich vorgesehen war und damit im Rahmen von Lärmmessungen eigentlich ungeeignet ist. Besonders die tiefen Frequenzen werden bei der dB(A)-Messung breitbandiger Geräusche ungerechtfertigt stark gedämpft. Das hat die kuriose Folge, dass eine Schallquelle mit betont tieffrequenten Geräuschanteilen den niedrigeren dB(A)-Wert liefert und gleichzeitig lauter empfunden wird als eine Vergleichsschallquelle. So erfüllen »tief röhrende Sport-Schalldämpfer« die gesetzlichen Auflagen, obwohl sie deutlich lauter als Standardmodelle mit normalem Frequenzspektrum sind.

Nach dem Immissionsprinzip (von lateinisch immittere = hineinsenden) werden bestimmte Grenzen menschlicher Eingriffe in die Umwelt festgelegt. So gibt es Immissionswerte zur Luftreinhaltung und solche für Geräusche. Die Anforderungen können auch im Sinne eines Emissionsprinzips (von lateinisch emittere = heraussenden) an der Quelle des Entstehens, z. B. durch die Festlegung von Emissionswerten nach dem Stand der Technik definiert werden. So ist in Industriegebieten ein Immissions-Richtwert von 70 dB(A) gegeben, in reinen Wohngebieten dagegen tagsüber 50 dB(A) und nachts 35 dB(A).

Schalldruckpegel von 85 dB und mehr sind für das Ohr gefährlich und führen bei längeren Einwirkzeiten zu Lärmschwerhörigkeit. Solche auralen Wirkungen treten auch dann auf, wenn der Schall erwünscht ist (Diskothek, Walkman). Der Teil des Cortischen Organs, der für den Frequenzabschnitt um 4000 Hz zuständig ist, scheint besonders anfällig zu sein. Die ersten Symptome der Lärmschwerhörigkeit treten meist in diesem Frequenzbereich auf (C ^{5}-Senke). Offensichtlich geraten die Haarzellen durch die starke mechanische Belastung in eine Versorgungsnotlage. Der Betroffene erlebt den Zustand als Vertäubung (ein Gefühl, als habe man Watte in den Ohren). Die Zeit, die zur Erholung benötigt wird, nimmt mit der Dauer der Belastung immer mehr zu, bis schließlich ein irreversibler Schaden entstanden ist. Die Gesamtbelastung, die bei 85 dB in acht Stunden entsteht, wird in der Diskothek bereits in ein bis zwei Stunden erreicht. Noch schneller geht es bei Knallereignissen, hier genügen Millisekunden, um die Haarzellen zu zerstören. Kinderspielzeug ist häufig der Auslöser für Schwerhörigkeit. Der Schuss aus einer Spielzeug-Pistole ist mit einem Spitzenpegel von 180 dB(A) so laut wie der aus einem echten Gewehr. Ein Silvesterböller, der in der Nähe des Ohres explodiert, kann eine permanente Lärmschwerhörigkeit zur Folge haben. Die Auslösung eines Seitenairbags führt manchmal ebenfalls zu Hörschäden, wie neuerdings öfter berichtet wird.

Neben den beschriebenen auralen Schäden hat Lärm auch extraaurale Wirkungen. Typische Symptome sind vorübergehende oder dauerhafte Beeinträchtigung des körperlichen Wohlbefindens (Bluthochdruck, Magengeschwüre, Depressionen), Beeinträchtigung der

Leistungsfähigkeit, Stress und Konzentrationsstörungen, Schlafstörungen, Lustlosigkeit oder auch Aggressivität. Die Gesundheitsschäden durch Lärm sollten nicht unterschätzt werden. So ist ein Zusammenhang zwischen Lärmbelastung und Herzinfarktrisiko nachgewiesen worden.

Wahrnehmung und Kunst

Über den im 5. Jahrhundert v. Chr. lebenden griechischen Maler Zeuxis berichtet der römische Schriftsteller Plinius, er habe im Wettstreit mit seinem Konkurrenten Parrhasios Weintrauben so realistisch gemalt, dass Vögel herbeiflogen und nach den Früchten pickten. Parrhasios lud ihn daraufhin ein, sein Gemälde zu betrachten. Als Zeuxis versuchte, einen vermeintlich vor dem Bild hängenden Vorhang beiseitezuschieben, stellte er fest, dass das Tuch nicht echt, sondern gemalt war.

Die Anekdote illustriert die Möglichkeit der Malerei, auf einer zweidimensionalen Fläche die Illusion eines dreidimensionalen Raumes zu erzeugen. Diese illusionistische Malerei wird Trompe-l'œil (franz. »Augentäuschung«) genannt. Der räumliche Eindruck eines Bildes kann unter anderem durch perspektivische Verkürzungen, Überlappungen, Schatten und Lichter erreicht werden. Eine tatsächliche Verwechslung des Dargestellten mit einem Naturgegenstand ist jedoch die Ausnahme. Normalerweise ruft gegenständliche Kunst einen ambivalenten Wahrnehmungseindruck hervor: Wir erfassen einerseits den Bildinhalt (eine dargestellte Szene), andererseits erkennen wir die Bildhaftigkeit (z. B. Pinselstriche auf einer Leinwand). Zu einer Illusion kann es aber auch bei besonders naturalistischer Darstellung nur kommen, wenn wir das Bild von einem Standpunkt aus betrachten (keine Bewegungsparallaxe), wegen großer Entfernung die Oberflächenstruktur des Bildes nicht erkennen, die binokuläre Tiefenwahrnehmung eingeschränkt oder bedeutungslos ist und das

Bild sich sinnvoll in die Umgebung eingliedert bzw. diese ausgeblendet wird.

Während das Erkennen des Bildes als Fläche die Tiefenwirkung einschränkt, sorgt es auch dafür, dass wir bestimmte Verzerrungen nicht wahrnehmen, die sich eigentlich einstellen müssten, sobald wir ein Bild nicht direkt von vorne betrachten. Ein auf einem Bild wiedergegebener Gegenstand müsste uns deformiert vorkommen, sobald wir das Bild von der Seite betrachten, ein Kreis müsste zur Ellipse werden. Häufig wird uns dies jedoch nicht bewusst; der Gegenstand erscheint uns immer gleich, wir erkennen weiter einen Kreis. Ein Kompensationsmechanismus im Gehirn sorgt dafür, dass uns die Form eines Objektes auch bei Betrachtung aus verschiedenen Blickwinkeln unverändert erscheint. Diesen Effekt verdeutlicht ein aus einem seitlichen Winkel aufgenommenes Foto eines Bildes: Das wiedergegebene Bild ist stark verzerrt. Bei Betrachtung des Bildes im Original aus demselben Winkel ist der optische Eindruck der Verzerrung so nicht vorhanden, hier wirken Formkonstanzmechanismen.

Bei Trompe-l'œil-Malereien stimmt das Bild optisch weitestgehend mit dem dargestellten Objekt überein. Um die in einem Bild wiedergegebenen Objekte zu erkennen, genügen aber auch weniger naturalistische und detailgenaue Darstellungen, wie z. B. einfache Strichzeichnungen. Die Kunstwissenschaft hat Gemälde und Grafiken oft als willkürliche und erlernte Bildsprache angesehen.

Erkennen wir den Bildinhalt aufgrund von erlernten kulturspezifischen Konventionen, oder ist die Ähnlichkeit der bei Betrachtung von Bild und realer Szene entstehenden Netzhautbilder entscheidend? Konventionen spielten und spielen bei Kunstwerken eine wichtige Rolle. So bildeten die Ägypter in ihren Malereien Menschen halb im Profil (Kopf, Beine) und halb frontal (Rumpf) ab, in Antike und Mittelalter wurden menschliche Figuren oft nicht entsprechend ihrer perspektivischen Größe, sondern entsprechend ihrer Bedeutungsgröße dargestellt, die Gesichter von Kindern sind verkleinerte

Gesichter von Erwachsenen, und in modernen Comics wird Bewegung durch Striche angedeutet.

Einige Darstellungsmittel beruhen offenbar auf Konventionen. Gilt dies auch für Striche und Konturen schlechthin? Grundlegende Mechanismen des Sehsystems sprechen dagegen. Bei unterschiedlich gemusterten oder gefärbten Flächen ist die entscheidende Information in den Grenzlinien enthalten. Die Linien in Strichzeichnungen enthalten die gleiche Information wie diese Grenzlinien. Deshalb können wir in gewisser Hinsicht auf der Strichzeichnung eines Hauses ebenso viel erkennen wie beim Betrachten des Hauses. Das Sehsystem neigt dazu, Flächen innerhalb bestimmter Konturen als abgegrenzte Objekte vor einem Hintergrund wahrzunehmen. So empfinden wir einen kreisförmigen Strich auf einer einheitlichen Fläche nicht als Linie, sondern als Scheibe.

Gegen die Konventionshypothese beim Erkennen von Strichzeichnungen sprechen auch verschiedene Untersuchungen von John M. Kennedy. Obwohl es beim Stamm der Songe Neuguineas keine abbildenden Strichzeichnungen, sondern nur geometrische Muster gab, erkannten sie ohne Schwierigkeiten Umrisszeichnungen von Menschen, Händen und ihnen bekannten Gegenständen und Tieren. Auch die Analyse von Felszeichnungen und Höhlenmalereien Europas, Afrikas, Nordamerikas und Australiens ergab deutliche Übereinstimmungen mit modernen Illustrationen. Die Songe konnten jedoch durch Umrisslinien dargestellte Schatten- und Farbflächen sowie bewegte Szenen nicht als solche erkennen. Entsprechende Darstellungen fehlen auch weitgehend in den prähistorischen Malereien. Während also das Erkennen von Umrisszeichnungen eine kulturübergreifende Eigenschaft des menschlichen visuellen Systems zu sein scheint, beruht die Darstellung von dynamischen Szenen und Farbmustern vermutlich auf Konventionen. Weitere Belege gegen eine umfassende Konventionshypothese liefern Untersuchungen Kennedys an Blinden. Blind Geborene können »Strichzeichnungen« aus erhabenen Linien auf einer Fläche durch Ertasten richtig wahrnehmen und ohne vorheriges Training altersgemäße Strichzeichnungen von Gegenständen aus unterschiedlichen Perspektiven anfertigen. Ein besonderes Experiment führten Julian Hochberg und Virginia Brooks durch. Nachdem sie ihren Sohn bis ins Alter von zwei Jahren von jeglichen Bildern ferngehalten hatten, konnte dieser trotzdem Strichzeichnungen vertrauter Gegenstände mühelos erkennen. Die Fähigkeit zum Erkennen von Bildern und perspektivischer Darstellung beruht demnach nicht nur auf Konventionen, sondern wir entdecken grundlegende Übereinstimmungen zwischen dem Bild und seiner Entsprechung in der Umwelt. Um abgebildete Gegenstände erkennen zu können, ist allerdings Erfahrung hinsichtlich dieser Objekte notwendig.

Wenn wir beim Erkennen von Bildern keine grundlegenden Schwierigkeiten haben, was macht es für die meisten so schwer, etwas naturgetreu zu zeichnen? Wenn wir das Erkennen von Bildern anscheinend nicht lernen müssen, geht es vielleicht darum, das normale Sehen zu verlernen? Auf Probleme beim Umsetzen einer Seherfahrung in ein flächiges Bild weist der Gebrauch verschiedener Hilfsmittel durch Maler beim Abzeichnen von Objekten hin. Mit Pinsel oder Stift werden die Größenverhältnisse in der Szene gemessen. Ohne Vergleichsmaßstab würde man die Größe falsch einschätzen.

Die Schwierigkeit, etwas naturgetreu zu zeichnen, beruht nicht primär auf mangelnden motorischen Fertigkeiten, sondern ist in der Wahrnehmung und ihrer kognitiven Verarbeitung zu suchen. Die Probleme beim naturalistischen Abbilden ergeben sich vermutlich aus der Fähigkeit unseres Sehsystems, wesentliche Eigenschaften von Objekten wahrzunehmen, sowie aus der Einordnung wahrgenommener Objekte. Die Wahrnehmung besteht nämlich nicht nur aus Daten des Netzhautbildes, sondern auch aus Erfahrungen wie z. B. erinnerten Formen. Die Gesamtwahrnehmung setzt sich dann aus Gesehenem und Erinnertem zusammen.

Alle Laien durchlaufen die Stufen der Kinderzeichnung, wobei die meisten in der schematischen Malweise der Kinder stehen bleiben. Sie beherrschen die Techniken nicht, aus dem Wahrgenommenen jene Informationen zu extrahieren, die eine naturalistische Wiedergabe ermöglichen. Kinder bemühen sich kaum, auf den abzuzeichnenden Gegenstand zu blicken, sie wissen, dass sie so nicht weiterkommen. Kinderzeichnungen sind nicht perspektivisch genau, sondern zeigen Form und Größe so, wie wir sie auf Grund von Konstanzmechanismen wahrnehmen. Ein Kind zeichnet einen Tisch, den es vor sich sieht, als Rechteck mit parallelen Seiten, Teller sind eher Kreise als Ellipsen. Dem gegenüber steht die besondere Zeichenfähigkeit mancher autistischer Kinder, die bereits im Vorschulalter nicht sichtbare Linien auslassen, eine korrekte Verkürzung verwenden und die relative Größe von Gegenständen wie Kopf und Rumpf perspektivisch richtig ins Bild setzen. Dieses »Talent« stellt sich jedoch bei näherer Betrachtung als ein kognitives Problem dar: Das begriffliche Denksystem steuert die Zeichenfähigkeit deshalb nicht, weil es sich nicht entwickelt hat. Diese Kinder können aus dem Gedächtnis eine sehr genaue Wiedergabe einer Vorlage anfertigen, einen kognitiv relativ unverarbeiteten visuellen Eindruck abrufen, während eine Klassifizierung der gesehenen Objekte nicht gelingt. Wenn in fortgeschrittenem Alter die autistische Störung nachlässt und die Kinder sprechen lernen, lässt auch die außerordentliche zeichnerische Fähigkeit nach.

Ein häufiger Fehler, den auch Erwachsene beim Portraitzeichnen machen, ist die Augenhöhe. Der Gesichtsanteil von Kinn bis Augenbrauen wird im Vergleich zum oberen Teil des Kopfes zu groß gezeichnet. Unbewusst nehmen wir die für uns bedeutenderen Partien relativ größer wahr als den Rest des Kopfes und zeichnen das Portrait entsprechend. Mit Hilfe bestimmter »Tricks« kann man sich der beim Zeichnen hinderlichen kognitiven Steuerung entledigen: Zum Beispiel lässt sich eine komplizierte Figur, die man auf dem Kopf ste-

hend wahrnimmt und in ihrer Bedeutung beim Abzeichnen nicht erkennt, korrekter wiedergeben. Oder man konzentriert sich beim
Zeichnen nicht auf die Wiedergabe des Gegenstandes, sondern auf
die Darstellung von Hintergrund und Zwischenräumen. Begriffliches
Wissen und Zeichenschemata haben so einen geringeren Einfluss
auf die naturalistische Wiedergabe.

Auch wer imstande ist, ein Modell, ein Stillleben oder eine Land-
schaft getreu abzubilden, hat oft Schwierigkeiten, dasselbe aus dem
Gedächtnis darzustellen. Zeichnungen aus dem Gedächtnis geben
häufig ein falsches Bild der tatsächlichen Verhältnisse wieder. Dies
zeigte Irvin Rock in einem Experiment, bei dem erwachsene US-Ame-
rikaner die Aufgabe erhielten, die Grenzen der USA aus dem Gedächtnis zu zeichnen. Die Zeichnungen wichen alle deutlich vom Umriss
der Vereinigten Staaten ab. Dies lag nicht daran, dass die Konturen
nicht genau genug im Gedächtnis abgespeichert gewesen wären.
Bei der Aufgabe, unter ähnlichen Bildern den Umriss der USA heraus-
zufinden, erkannten die meisten Versuchspersonen die richtige Lösung, obwohl die schlechteste der präsentierten Varianten besser
war als der größte Teil der eigenen Zeichnungen. Offenbar war bei
allen Versuchspersonen ein sehr genaues, im Gedächtnis gespeicher-
tes Bild vorhanden, das jedoch zum Zeichnen nichts beitragen und
nur durch einen zusätzlichen, auslösenden Reiz verwertet werden
konnte.

Dass bei Künstlern während des Zeichnens Verarbeitungsprozesse
visueller Information zumindest anders gewichtet sind als bei Laien,
zeigt ein Vergleich aktiver Hirnregionen beim Portraitzeichnen zwischen einem Portraitisten und einem künstlerischen Laien. Robert
Solso ließ einen Laien und einen bekannten Künstler im Kernspinto-
mographen einfache geometrische Formen und Gesichter abzeichnen. Bei der Auswertung wurden die Signale der einfachen Zeichen-
aufgabe von denen der komplexen Aufgabe des Zeichnens von
Gesichtern subtrahiert, so dass die nur das Abzeichnen der Gesichter

betreffenden Hirnaktivitäten betrachtet werden konnten. Auf die Verarbeitung von Gesichtern spezialisierte Hirnareale waren beim Laien deutlich aktiver als beim professionellen Portraitisten. Dieser zeigte im Vergleich zum Laien höhere Aktivitäten in frontalen Bereichen, welche mit komplexen Assoziationen und der Manipulation visueller Formen verbunden sind. Die Ergebnisse lassen vermuten, dass der geübte Künstler beim Zeichnen von einer abstrakteren Repräsentation des zu zeichnenden Gegenstandes ausgeht.

Das Erkennen von Bildern beruht also nicht ausschließlich auf Konventionen, Grundlage sind ebenso normale Prozesse der visuellen Informationsverarbeitung. Wir sind einerseits in der Lage, Bilder als zweidimensionale Objekte von natürlichen Szenen zu unterscheiden. Andererseits können wir Objekte, die lediglich mit einfachen Mitteln wie Umrisslinien auf der Bildfläche dargestellt sind, erkennen. Bei der Wahrnehmung von Bildern sind Konstanzmechanismen, die bei der normalen Wahrnehmung aktiv sind, ebenfalls wirksam. Solche kognitiven Prozesse verursachen allerdings Probleme bei der naturalistischen Wiedergabe realer Szenen. Künstler nutzen deshalb Methoden und Fertigkeiten, diese Konstanzmechanismen auszuschalten oder zu umgehen, um ein naturalistisches Abbild natürlicher Szenen zu schaffen. Natürlich wurden diese Phänomene nicht nur mit einfachen Beispielbildern untersucht. Eine genaue Analyse, wie sich das visuelle System in derartig vieldeutigen Situationen verhält, kam zu der Schlussfolgerung, dass unser Gehirn sich bei diesen Interpretationen zumeist optimal verhält, nämlich wie vom Mathematiker Thomas Bayes bereits im 18. Jahrhundert postuliert.

GLOSSAR

Adaptation – Unter Adaptation versteht man die Anpassung eines Sinnessystems an Umgebungsbedingungen; z. B. die höhere Sensitivität der Augen in der Dunkelheit. *s. S. 37, 66 f., 75 f.*

Agnosie – Oberbegriff für neuronal bedingte Erkennungsstörungen ohne Beeinträchtigung des peripheren visuellen Systems. *s. S. 97 ff.*

Anosmie – Unfähigkeit, Gerüche wahrzunehmen. *s. S. 72*

Aphasie – Eine erworbene neuronale Sprachstörung, die u.a. die Sprachproduktion (Broca-Aphasie), das Sprachverständnis (Wernicke-Aphasie) sowie die Fähigkeit, Wörter nachzusprechen (Leitungsaphasien), betreffen kann und meist in der linken Hirnhälfte (Hemisphäre) lokalisiert ist.

Ataxie – Oberbegriff für Bewegungs- und Koordinationsstörungen der Augen, der Stimme und des Schluckapparates, die meist durch Kleinhirnstörungen bedingt sind. *s. S. 96*

Basilarmembran – Die Sinnesrezeptoren des Ohres, die Haarzellen, sitzen auf der Basilarmembran. *s. S. 57 f.*

Bildgebende Verfahren – Verfahren, die die Form und Erregung neuronaler Strukturen sichtbar machen. *s. S. 53, 90*

Blindsehen – Personen, die auf Grund einer kortikalen Verletzung nicht mehr zu bewusster visueller Wahrnehmung in der Lage sind, können dennoch häufig auf einen Reiz zeigen. Hieraus wird gefolgert, dass es eine getrennte Verarbeitung zum Zweck des Wahrnehmens bzw. der motorischen Steuerung gibt. *s. S. 93*

Broca-Areal – Die für die Sprachproduktion verantwortliche Region im Neokortex.

C5-Senke – Im Audiogramm zeichnet sich ein Hörverlust oft zuerst durch einen Verlust der Hörfähigkeit im Bereich von 4 khz. Diese Frequenz entspricht dem fünfgestrichenen C. *s. S. 113*

Change blindness – Als change blindness bezeichnet man das verschlechterte Bemerken von Änderungen in unserer Umgebung als Folge unserer Erwartungen.

Cochlea – In der Cochlea (Schnecke) sind Basilarmembran und Tektorialmembran untergebracht, zwischen denen die Sinneszellen des Innenohres liegen. *s. S. 57, 60, 77*

Corpus geniculatum laterale (CGL oder seitlicher Kniehöcker) – Das CGL ist die erste Station im Gehirn, an der die eingehende optische Information aus der Netzhaut verschaltet wird. *s. S. 42, 45, 93*

Dezibel (dB) – Dezibel ist ein Maß für die Stärke des Schalldruckes in Bezug auf einen Referenzton. *s. S. 60, 110*

Einfache Zellen – Einfache Zellen im à primären visuellen Areal reagieren auf visuelle Reize abhängig von deren Position im rezeptiven Feld. *s. S. 50*

Formkonstanz – Unabhängig von der Perspektive wird die Form von Objekten in der gleichen Weise wahrgenommen, obwohl sich das Netzhautabbild in Abhängigkeit der Perspektive ändert. *s. S. 115*

Gegenfarben – Auf der Ebene des CGL wird die Farbinformation aus dem Auge in den Farbgegensätzen Rot-Grün und Blau-Gelb codiert. *s. S. 49*

Gehörknöchelchen – Über die Gehörknöchelchen wird der Schall vom Trommelfell zur Cochlea weitergeleitet. *s. S. 32*

Gesichtsfeld – Derjenige Bereich, in dem man ohne Bewegung der Augen oder des Kopfes Objekte wahrnehmen kann. *s. S. 14, 38 f., 41, 44 ff., 50 f., 76 f., 88 f., 90 ff.*

Haarzellen – Es gibt innere und äußere Haarzellen. Für die Sinneswahrnehmung sind vermutlich nur die inneren verantwortlich, während die äußeren wahrscheinlich die mechanischen Eigenschaften der Tektorialmembran verändern. *s. S. 58 ff., 77, 113*

Hertz (Hz) – Mit Hertz wird die Schwingung einer Welle pro Sekunde angegeben. In Bezug auf den Schall nehmen wir höhere Frequenzen auch als höhere Töne wahr. *s. S. 31, 60 f., 110*

Hyperkolumne – Eine Zusammenfassung von Augendominanzsäulen und Orientierungssäulen im primären visuellen Areal wird als Hyperkolumne bezeichnet. *s. S. 53*

Hyperkomplexe Zellen (endinhibierte Zellen) – Reagieren optimal auf Streifen, Ecken oder Winkel mit einer bestimmten Ausrichtung und Größe. *s. S. 51*

Indifferenztemperatur – Im Bereich der Indifferenztemperatur haben wir eine neutrale Temperaturempfindung. Es ist weder warm noch kalt. *s. S. 66*

Isophone – Der akustische Wahrnehmungsapparat ist für verschiedene Frequenzen unterschiedlich empfindlich. An den Isophonen lässt sich ablesen, welche Schallintensitäten bei welcher Frequenz gleich laut gehört werden. *s. S. 60*

Komplexe Zellen – Komplexe Zellen im à primären visuellen Areal reagieren auf visuelle Reize unabhängig von deren Position im rezeptiven Feld. *s. S. 50*

Makuladegeneration – Die Makula densa (Gelber Fleck) ist der Bereich, in dem die Sehgrube liegt. Durch verschiedene Erkrankungen kann er beschädigt werden und degenerieren. *s. S. 92*

Mediotemporales Areal – Das Mediotemporale Areal (MT, V5) spielt eine wichtige Rolle in der Wahrnehmung von Bewegung.

Modalität – Das jeweilig wahrnehmende Sinnessystem (z.B. Gesichtssinn, Tastsinn). *s. S. 8, 38*

Nacheffekte – Wahrnehmung, die nach Entfernung eines Reizes auftritt, der zuvor längere Zeit dargeboten wurde.

Neglect – Gegenseitig zur Hirnschädigung kommt es – neuronal bedingt – zu einer Vernachlässigung der Wahrnehmung, obwohl der Wahrnehmungsapparat intakt ist. *s. S. 95*

Neokortex – Die beiden Großhirnhemisphären. Er ist beim Menschen im Vergleich zum Tier stark vergrößert und unter anderem für unsere geistigen Fähigkeiten verantwortlich. *s. S. 13, 68*

Neuron – Eine Nervenzelle. Sie umfasst den Zellkörper mit den Erbinformationen der Zelle, ein vom Zellkörper wegführendes (efferentes)

Axon, das in den Synapsen endet, sowie meist mehrere zum ZNS hinführende (afferente) Äste, die als Dendriten bezeichnet werden. *s. S. 6, 8, 13, 15 ff., 40 ff., 48 ff., 65, 68, 85, 98 ff.*

Neurotransmitter – Diejenigen chemischen Substanzen, die den synaptischen Spalt überbrücken und das Gehirn befähigen, Information zwischen verschiedenen Zellen auszutauschen. Diese Information kann erregende (excitatorische) und hemmende (inhibitorische) Wirkung haben, die vom spezifischen Neurotransmitter vermittelt wird. *s. S. 19, 34*

Orientierungssäule – Im primären visuellen Areal sind orientierungssensitive Zellen in Säulen angeordnet, die jede Orientierung abdecken. *s. S. 53, 102*

Peripheres Nervensystem – Diejenigen Nervenleitbahnen, die den Körper durchziehen. *s. S. 8*

Primärer Motorkortex – Ist für die Ansteuerung unserer Muskeln verantwortlich. Er ist somatotop gegliedert. *s. S. 14*

Primäres visuelles Areal (V1) – Die erste neokortikale Region, in der die visuelle Information aus dem Auge verarbeitet wird. Es ist retinotop gegliedert. *s. S. 13, 39 f., 48 ff., 56, 84 ff., 102*

Priming – Veränderte Auftretenswahrscheinlichkeit einer Reaktion nach zuvor erfolgter Reizdarbietung. *s. S. 82*

Prosopagnosie – Neuronal bedingte Untüchtigkeit, bekannte Gesichter zu erkennen, ohne Einschränkung des Sehapparates. *s. S. 98*

Retinotopie – Die kartenmäßige Abbildung der Netzhaut im primären visuellen Areal (V1). *s. S. 92*

Rezeptives Feld – Die Menge der Umweltreize (z. B. im Gesichtsfeld oder auf der Haut), die zu einer Änderung des Antwortverhaltens eines Neurons führen. *s. S. 51*

Rezeptoren – Z. B. Haarzellen im Ohr oder Zapfen und Stäbchen in der Retina. Sie sind für jeweils verschiedene Arten von Reizen (z. B. akustische) spezialisierte Zellen, die Reizinformationen aufnehmen und in Form von elektrischer Nervenerregung weiterleiten. *s. S. 3, 5 f., 8, 10, 26, 32 ff., 47 ff., 58, 62 f., 68 ff.*

Schalldruckpegel – Der Schalldruckpegel ist ein Maß für die Stärke des Schalls; wird relativ zu einem definierten Referenzton in Dezibel bestimmt. *s. S. 60, 113*

Sehbahn – Der neuronale Übertragungsweg der optischen Information von der Netzhaut bis zum à primären visuellen Areal (V1). *s. S. 45, 88, 92*

Sehgrube (Fovea centralis) – Der Bereich auf der Netzhaut, mit dem wir am schärfsten sehen können. *s. S. 29, 48, 91*

Sehnervenkreuzung (Chiasma opticum) – Hier wechselt die Hälfte der optischen Information aus jedem Auge auf die jeweils andere Seite des Gehirns, so dass im primären visuellen Areal (V1) in jeder Hirnhälfte jeweils eine Seite des Gesichtsfelds repräsentiert wird. *s. S. 43, 45*

Skotom – Gesichtsfeldausfall, der i.d.R. durch eine Schädigung der Netzhaut zustande kommt. *s. S. 92, 99*

Somatotopie – Eine Gliederung des Gehirnes derart, dass Regionen, die im Körper nahe beieinanderliegen, auch aus benachbarten Gehirnregionen angesteuert werden.

Tektorialmembran – Die Tektorialmembran liegt über der Basilarmembran; durch Verschiebung dieser beiden Membranen werden die dazwischenliegenden Haarzellen abgeschert. Dies ist der adäquate Reiz für sie, um zu feuern. *s. S. 57 f.*

tonotop – Die Verarbeitung ähnlicher Töne in benachbarten Hirnarealen. *s. S. 59, 76 f.*

Top-down-Prozesse – Bei diesen Prozessen wird die Verarbeitung eingehender Information durch bereits vorhandene Information, z. B. aus dem Gedächtnis, erleichtert. *s. S. 107*

Transduktion – Wandelt einen Reiz (z. B. Schall) in ein elektrisches Signal um, das vom Nervensystem weitergeleitet werden kann. *s. S. 28, 33 ff., 57, 73*

Transformation – Durch sie wird das von den Sinnesrezeptoren erzeugte analoge Signal (stufenlose Spannungsänderungen) in ein digitales Signal (Aktionspotentiale) umgewandelt. *s. S. 33 ff., 49*

Weber'sches Gesetz – Es beschreibt den Umstand, dass die Fähigkeit, zwei Reize zu unterscheiden, proportional zur Reizintensität abfällt. Je größer die Intensität des Reizes, desto mehr muss sich der Reiz von einem Standardwert unterscheiden, um noch als verschieden von diesem wahrgenommen zu werden. *s. S. 23, 74*

Wernicke-Areal – Die für das Sprachverständnis verantwortliche Region im Neokortex. *s. S. 62, 98*

Literaturhinweise

ALLGEMEINE WERKE

Campenhausen, Christoph von: Die Sinne des Menschen. Einführung in die Psychophysik der Wahrnehmung. Stuttgart, 1993.

Dudel, Josef, Randolf Menzel, Robert F. Schmidt (Hg.): Neurowissenschaft: Vom Molekül zur Kognition. Berlin, 1996

Goldstein, Bruce: Wahrnehmungspsychologie. Eine Einführung. Heidelberg, 2002

Gregory, Richard: Auge und Gehirn. Psychologie des Sehens. Reinbek bei Hamburg, 2001

Hubel, David: Auge und Gehirn. Neurobiologie des Sehens. Heidelberg, 1989

Kandel, Eric R., James H. Schwarz & Thomas M. Jessell: Neurowissenschaften: Eine Einführung. Heidelberg, 1995

Karnath, Hans-Otto & Peter Thier (Hg.): Neuropsychologie. Berlin, 2003

Kolb, Bryan & Ian Q. Wishaw: Neuropsychologie. Heidelberg, 1996

Mallot, Hanspeter A.: Sehen und die Verarbeitung visueller Information. Eine Einführung. Braunschweig, 1998

Ritter, Manfred (Hg.): Wahrnehmung und visuelles System. Heidelberg, 1986

Rock, Irvin: Wahrnehmung: Vom visuellen Reiz zum Sehen und Erkennen. Heidelberg, 1998

Singer, Wolf (Hg.): Gehirn und Kognition. Heidelberg, 1990

SPEZIELLE ARBEITEN

Ansorge, U., Klotz, W., Neumann, O. (1998): Manual and verbal responses to completely masked (unreportable) stimuli: exploring some conditions for the metacontrast dissociation. Perception, 27(10):1177–1189.

Beckert, Chr., Chotjewitz, I. (2000): TA Lärm. Technische Anleitung zum Schutz gegen Lärm mit Erläuterungen. Berlin: Erich-Schmidt Verlag.

Crick, F., Koch, C. (2003): A framework for consciousness. Nature Neuroscience. 6(2):119–126

Gegenfurtner, K. R., Kiper, D.C. (2003): Color vision. Annual review of Neuroscience, 26: 181–206

Johnson, K. (2001) The roles and functions of cutaneous mechanoreceptors. Current Opinion in Neurobiology, 11(4):455–461.

Kosslyn, S. E. & Thompson, W. L. (2000): Shared Mechanisms in Visual Imagery and Visual Perception: Insights from Cognitive Neuroscience. In: : Gazzaniga, M. S.: The New Cognitive Neurosciences. Cambridge, MIT Press, 2. Aufl.

Mishkin, M., Ungerleider, L.G., & Macko, K.A. (1983): Object vision and spatial vision: Two central pathways. Trends in Neurosciences, 6: 414–417.

Nathans, J., Thomas, D., Hogness, D.S. (1986): Molecular genetics of human color vision: the genes encoding blue, green, and red pigments. Science, 232(4747):193–202

Newsome, W.T., Britten, K.H., Movshon, J.A.. (1989): Neuronal correlates of a perceptual decision. Nature, 341(6237):52–54

Schuster, Martin (2002): Wodurch Bilder wirken: Psychologie der Kunst. Köln: DuMont

Simons, D.J., Chabris, C.F. (1999): Gorillas in our midst: sustained inattentional blindness for dynamic events. Perception, 28(9):1059–1074

Thorpe, S., Fize, D., Marlot, C. (1996): Speed of processing in the human visual system. Nature, 381: 520–522.

Danksagung

Ich möchte mich bei meinen Mitarbeitern bedanken, die zu diesem Buch die folgenden Abschnitte beigetragen haben: Urs Kleinholdermann und Maik Spengler (Glossar), Doris Braun (Neuropsychologie), Dirk Kerzel (Unbewusste Wahrnehmung), Wolfgang Pieper (Lärm) und Sebastian Walter (Wahrnehmung und Kunst).